JN085225

おかしなドリル もくじ

小学2年 かけ算九九

		ページ
	あなただけの きのこの山を つくろう！	1
1	かけ算の しき	3・4
2	5のだんの 九九 ①	5・6
3	5のだんの 九九 ②	7・8
4	2のだんの 九九 ①	9・10
5	2のだんの 九九 ②	11・12
	チョコっとまめちしき	13・14
6	3のだんの 九九 ①	15・16
7	3のだんの 九九 ②	17・18
8	4のだんの 九九 ①	19・20
9	4のだんの 九九 ②	21・22
	チョコっとひとやすみ	23・24
10	6のだんの 九九 ①	25・26
11	6のだんの 九九 ②	27・28
12	7のだんの 九九 ①	29・30
13	7のだんの 九九 ②	31・32
	チョコっとまめちしき	33・34
14	8のだんの 九九 ①	35・36
15	8のだんの 九九 ②	37・38
16	9のだんの 九九 ①	39・40
17	9のだんの 九九 ②	41・42
18	1のだんの 九九	43・44
	チョコっとひとやすみ	45・46
19	九九の ひょう	47・48
20	九九の ひょうを 広げて	49・50
21	ばいと かけ算	51・52
22	2年生の まとめ	53・54
	答えと てびき	55～78
	チョコっとひとやすみ	79・80
	九九ボード	

本誌に記載がある商品は2023年３月時点での商品であり，デザインが変更になったり，販売が終了したりしている場合があります。

写真：アフロ，イメージマート

1 かけ算の しき

名前

1 数を しらべましょう。　1つ10［20点］

① 

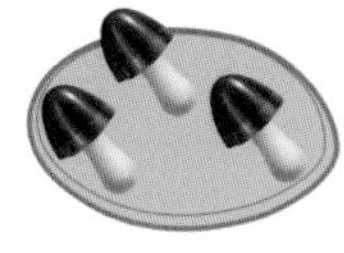 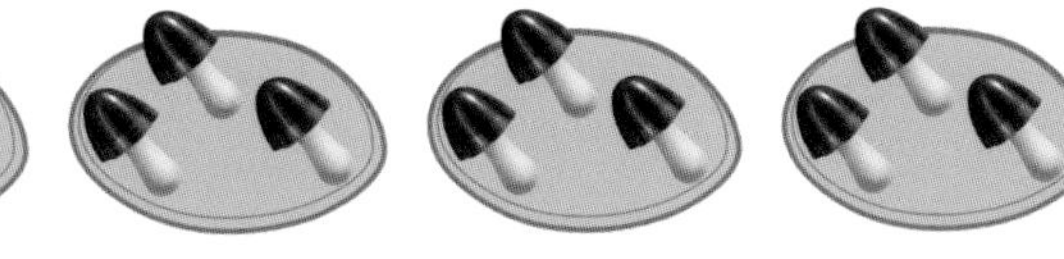 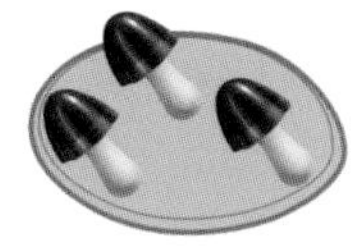 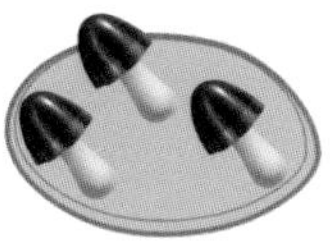

1さらに 3こずつの 4さら分で，12こです。

しきに 書くと， ×  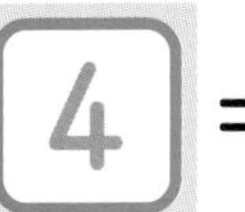 =  です。

3 × 4 = 12

② 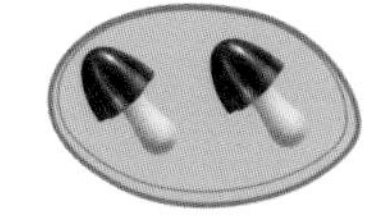 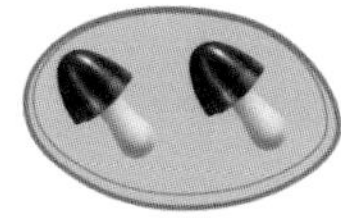 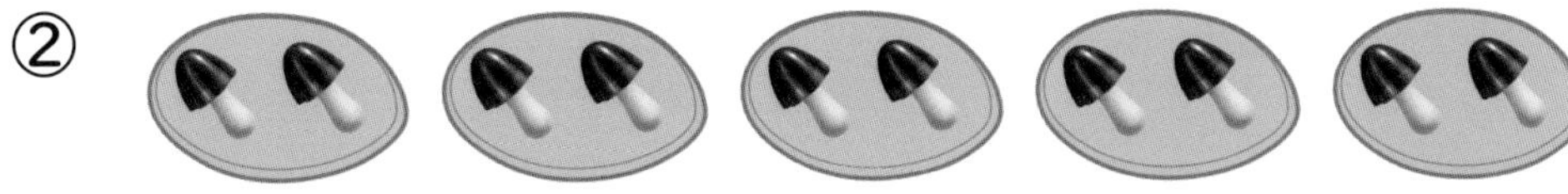 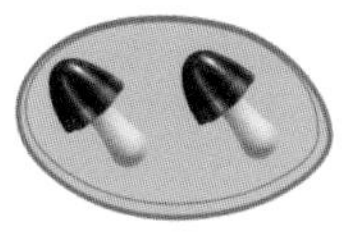 

1さらに 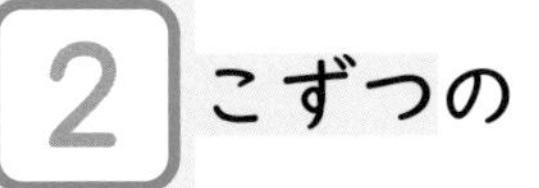 こずつの  さら分で，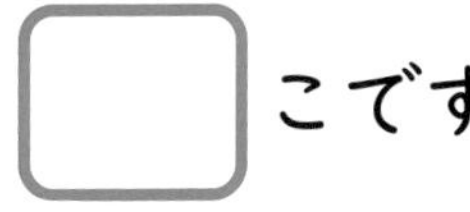 こです。

1さらに 2 こずつの 5 さら分で，□ こです。

しきに 書くと， ×  =  です。

□ × □ = □

2 かけ算の しきに 書きましょう。　1つ10［20点］

① 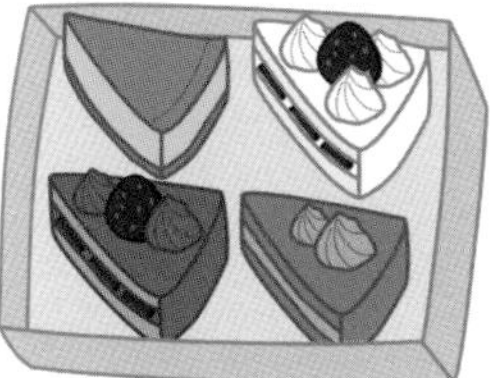 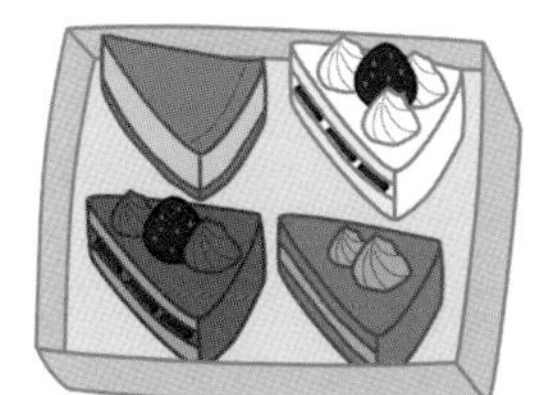

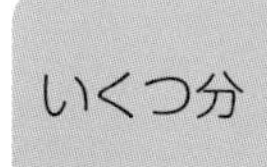

1つ分の数　いくつ分

 × 

4 × 2

②   

 × 

□ × □

1 かけ算の しき

3 ぜんぶの 数(かず)を もとめる しきを 書(か)きましょう。 1つ20 [40点(てん)]

①

1さらに 4こずつの 3さら分(ぶん)なので，かけ算(ざん)の しきに

書くと，4 × 3 です。

答(こた)えは，4 + 4 + 4 でも もとめられます。

②

1さらに 7こずつの 2さら分なので，かけ算の しきに

書くと，□ × □ です。

答えは，□ + □ でも もとめられます。

かけ算と たし算の
2つの もとめかたが
あるんだね！

4 2×3の 答えを たし算で もとめましょう。

しき10，答え10 [20点]

しき（　　　　　　　　　　　　）

答え（　　　　　　　　）

答え 56ページ

月　　日　　点

2 5のだんの 九九 ①

名前

1 ぜんぶの 数(かず)を しらべましょう。　　1つ5［20点(てん)］

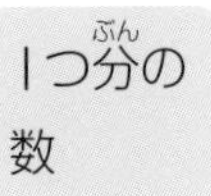

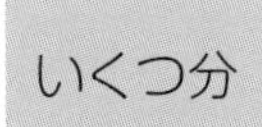

ぜんぶの数

① 5 × 1 = 5

② 5 × □ = □

③ 5 × □ = □

④ 5 × □ = □

2 5のだんの 九九を 書(か)きましょう。　　1つ5［25点］

● 5 × 1 = 5（ご いち が ご）　● 5 × 2 = 10（ご に じゅう）

● 5 × 3 = 15（ご さん じゅうご）　● 5 × 4 = 20（ご し にじゅう）

声(こえ)に 出して 言(い)ってみよう！

① 5 × 5 = □（ご ご にじゅうご）

② 5 × 6 = □（ご ろく さんじゅう）

③ 5 × 7 = □（ご しち さんじゅうご）

④ 5 × 8 = □（ご は しじゅう）

⑤ 5 × 9 = □（ごっ く しじゅうご）

2 5のだんの 九九 ①

3 つぎの 計算(けいさん)を しましょう。　1つ5［40点(てん)］

① 5×8　② 5×1

③ 5×3　④ 5×5

⑤ 5×2　⑥ 5×7

⑦ 5×9　⑧ 5×6

4 みかんが 1つの ふくろに 5こずつ 入って います。
　4ふくろ分(ぶん)では，みかんは 何(なん)こに なりますか。　しき10，答(こた)え5［15点］

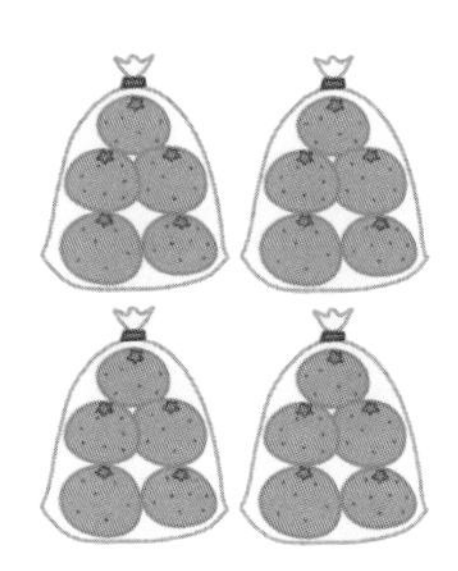

しき（　　　　　　　　　　）

答え（　　　　　　　　）

答え 57ページ

月　日　　点

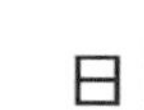

3 5のだんの 九九 ②

名前

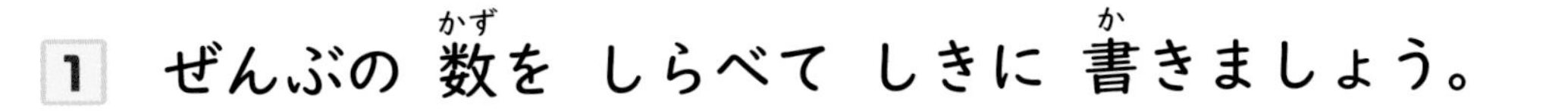

1 ぜんぶの 数(かず)を しらべて しきに 書(か)きましょう。 
[10点(てん)]

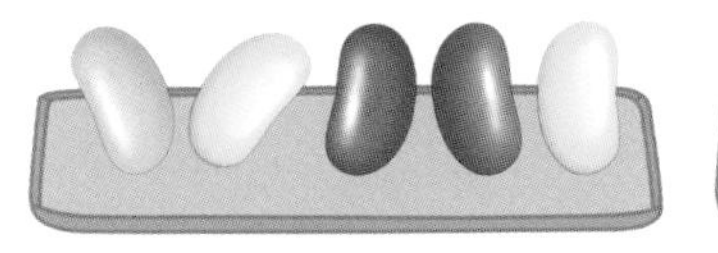
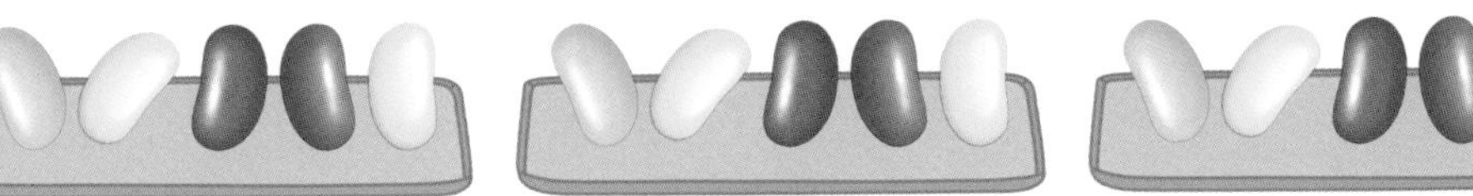
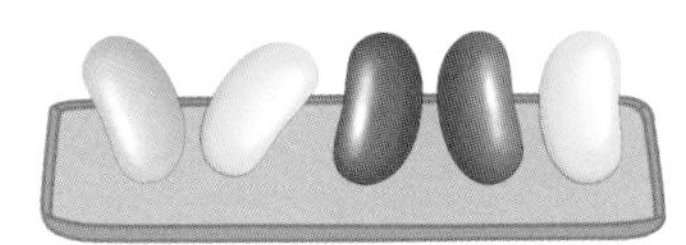

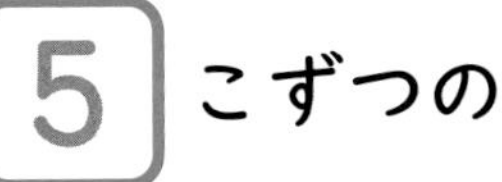
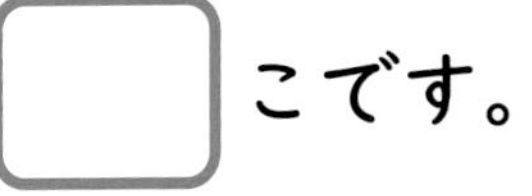

1さらに 5 こずつの 3 さら分(ぶん)で，□ こです。

しきに 書くと，□ × □ ＝ □ です。

2 かけ算(ざん)の しきに 書いて，ぜんぶの 数を もとめましょう。

1つ10 [30点]

① 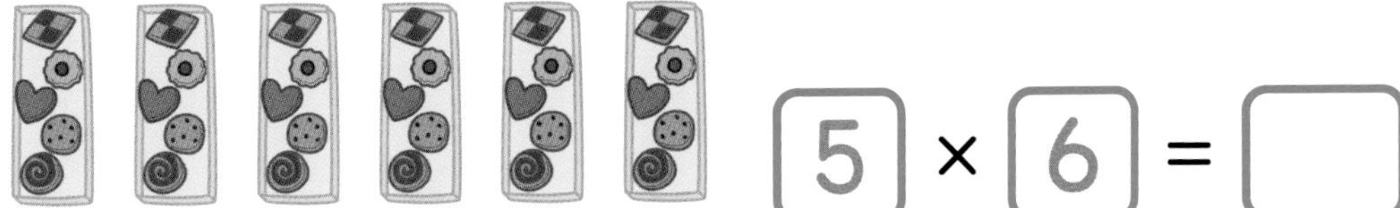
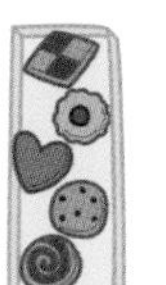
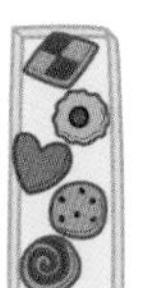
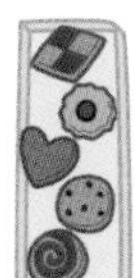

5 × 6 ＝ □

② 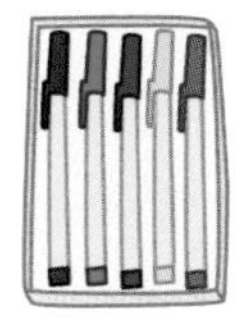
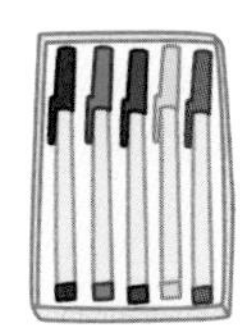
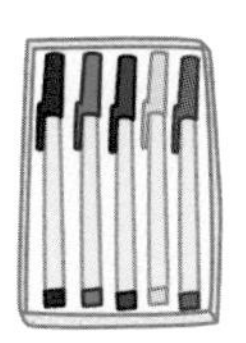
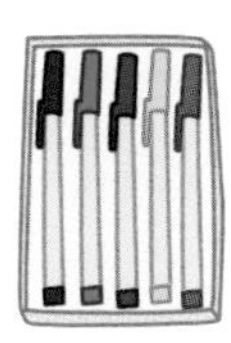

□ × □ ＝ □

③ 

□ × □ ＝ □

3 5のだんの 九九 ②

3 ぜんぶの 数(かず)を もとめましょう。 [20点(てん)]

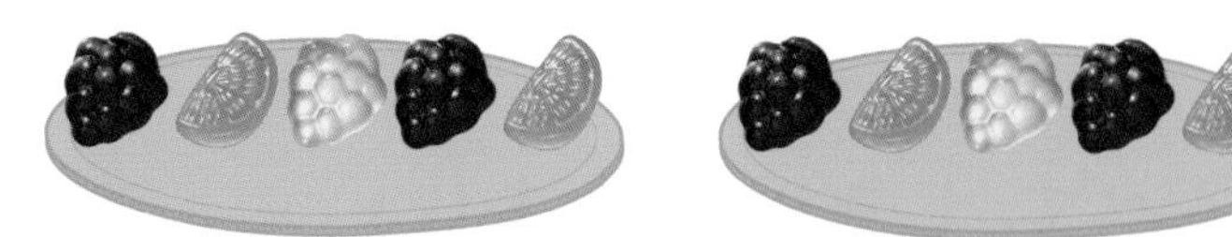

1さらに 5こずつの 2さら分(ぶん)なので，かけ算(ざん)の しきに

書(か)くと，[5]×[ ]です。

5こと 5こを
あわせて
もとめられるね！

答(こた)えは，[ ]＋[ ]でも もとめられます。

ぜんぶで，[ ]こです。

4 つぎの 計算(けいさん)を しましょう。 1つ5［40点］

① 5×7　　② 5×4

③ 5×6　　④ 5×1

⑤ 5×9　　⑥ 5×5

⑦ 5×3　　⑧ 5×8

答え 58ページ

月　日　点

4 2のだんの 九九 ①

名前

1 ぜんぶの 数(かず)を しらべましょう。

1つ5［20点(てん)］

1つ分(ぶん)の数 ／ いくつ分 ／ ぜんぶの数

① 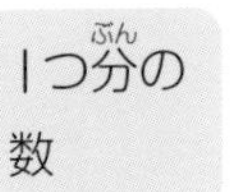 2 × 1 = 2

② 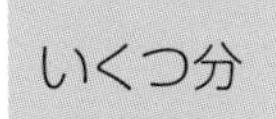 2 × □ = □

③ 2 × □ = □

④ 2 × □ = □

2 2のだんの 九九を 書(か)きましょう。

1つ5［25点］

● 2 × 1 = 2（に いち が に）
● 2 × 2 = 4（に にん が し）
● 2 × 3 = 6（に さん が ろく）
● 2 × 4 = 8（に し が はち）

① 2 × 5 = □（に ご じゅう）
② 2 × 6 = □（に ろく じゅうに）
③ 2 × 7 = □（に しち じゅうし）
④ 2 × 8 = □（に はち じゅうろく）
⑤ 2 × 9 = □（に く じゅうはち）

2, 4, 6, 8, 10, 12, …と、
2のだんの 九九は 答(こた)えが
2ずつ ふえて いくね！

4 2のだんの 九九 ①

3 つぎの 計算(けいさん)を しましょう。 1つ5［40点(てん)］

① 2×2　　② 2×8

③ 2×7　　④ 2×4

⑤ 2×6　　⑥ 2×9

⑦ 2×5　　⑧ 2×1

4 お楽(たの)しみ会(かい)で，たけのこの里(さと)を 1人に 2こずつ くばります。
3人分(ぶん)では，何(なん)こ いりますか。

しき10，答(こた)え5［15点］

しき（　　　　　　　　）

答え（　　　　　　　　）

答え 59ページ

月　　日　　点

5 2のだんの 九九 ②

名前

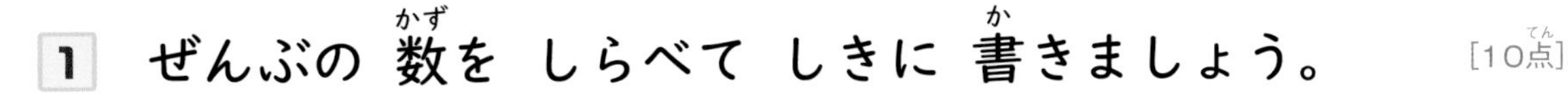

1 ぜんぶの 数を しらべて しきに 書きましょう。 [10点]

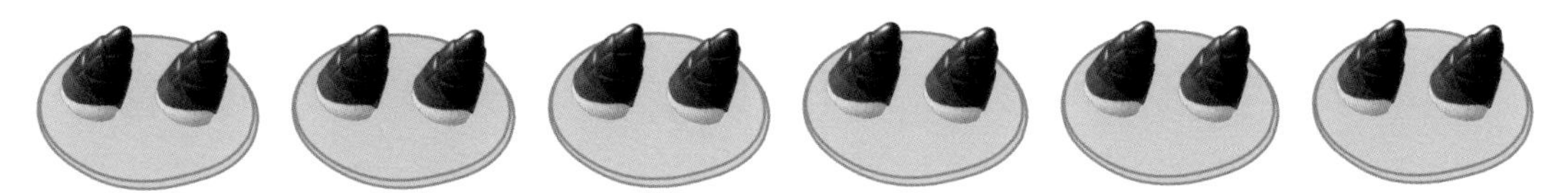

1さらに [2] こずつの [　] さら分で，[　] こです。

しきに 書くと，[　] × [　] = [　] です。

2 かけ算の しきに 書いて，ぜんぶの 数を もとめましょう。

1つ10 [30点]

①

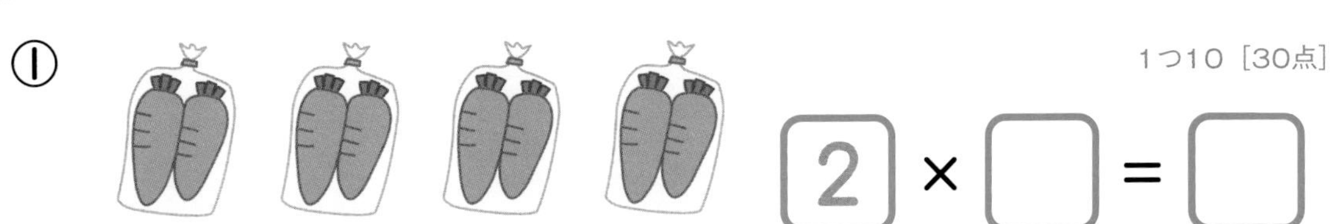

[2] × [　] = [　]

②

[　] × [　] = [　]

③

[　] × [　] = [　]

5 2のだんの 九九 ②

3 あわせた かさを もとめましょう。 [20点]

はじめに，2Lが 3本 あるので，かけ算の しきに 書くと，

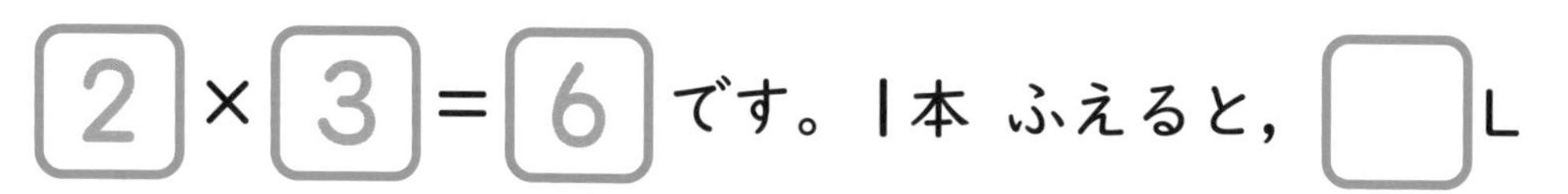

2 × 3 = 6 です。1本 ふえると，□L

ふえます。答えは，6 ＋ □ で もとめられます。

あわせた かさは □Lです。

2×4でも
もとめられるね！

4 つぎの 計算を しましょう。 1つ5 [40点]

① 2×4　　② 2×7

③ 2×1　　④ 2×5

⑤ 2×2　　⑥ 2×9

⑦ 2×6　　⑧ 2×8

答え 60ページ

月　　日　　点

チョコっと まめちしき

きのこの山の
ひみつ

○きのこの山の キャラクター○

きの山さん

○きのこの山の れきし○

きのこの山が はつばいされたのは
1975年です。はつばいから 何(なん)十年も
たって います。きのこの山が
はつばいされた ころは いたチョコや
チョコバーが 人気で，きのこの山の
ような かたちの おかしは
めずらしかったそうです。

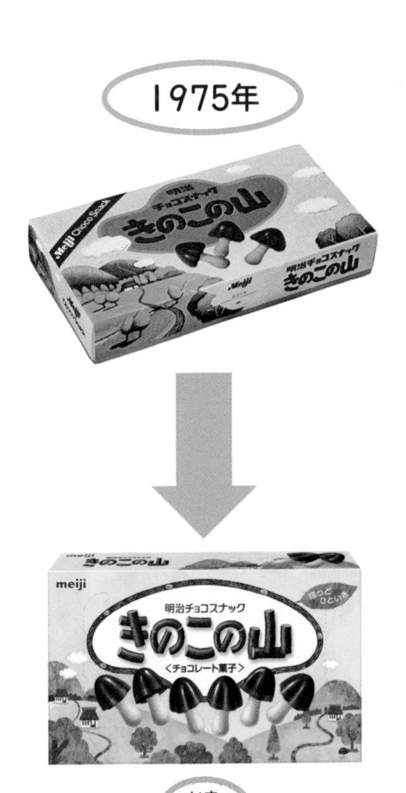

むかしと 今では
パッケージが
ちがうんだね。

ペーパークラフトの 作り方

★79ページに のって いる

おかしボックスの 作り方です。

©meiji/y.takai

かんせい図

① 外がわの 線で 切りはなします。

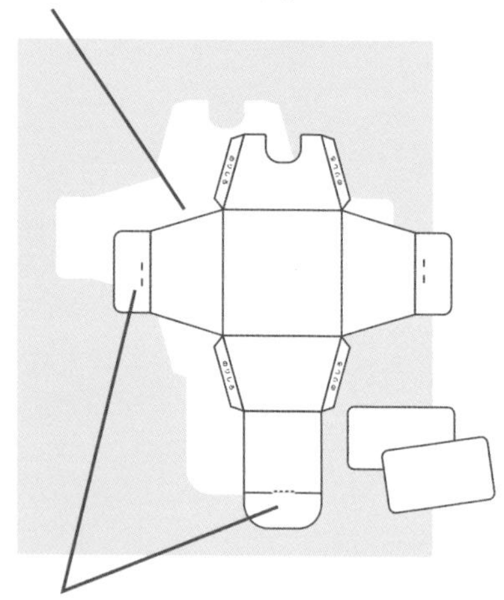

はさみや カッターを
つかう 時は，けがに
気を つけて おうちの人と
いっしょに とり組もう。

② 点線………の ところに 切りこみを 入れます。

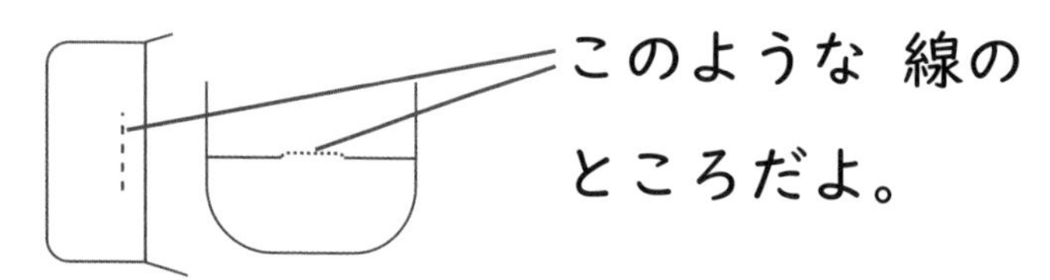

③ その ほかの ところは すべて 山おりに します。

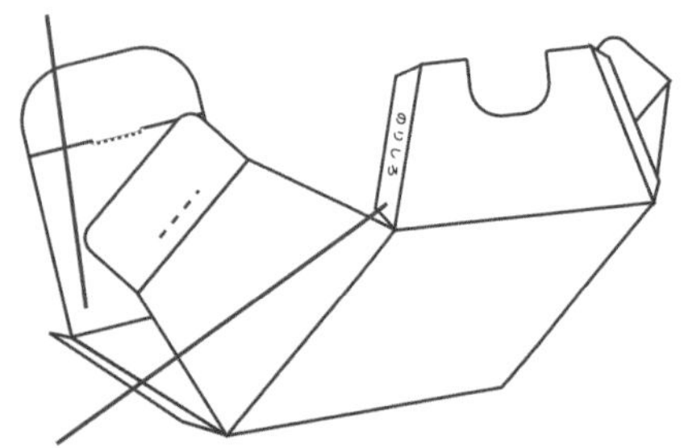

上に ある
かんせい図も
見ながら おろう。

④ のりしろを のりや りょうめんテープで

はったら かんせい！

6 3のだんの 九九 ①

名前

1 ぜんぶの 数(かず)を しらべましょう。 1つ5［20点(てん)］

1つ分(ぶん)の数		いくつ分		ぜんぶの数

① 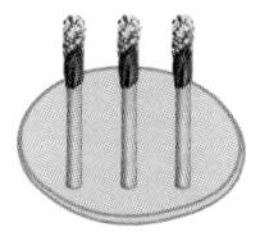 3 × 1 = 3

② 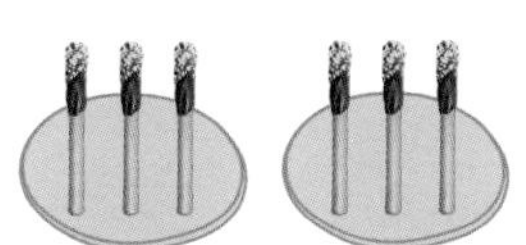 3 × □ = □

③ 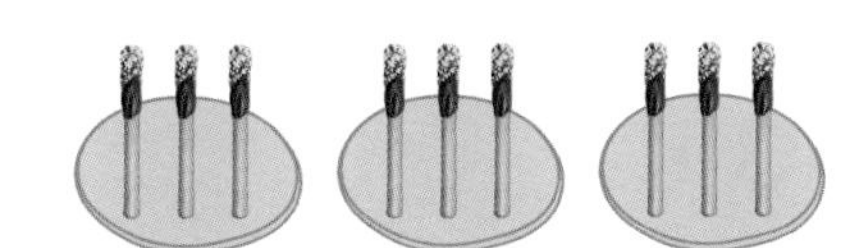 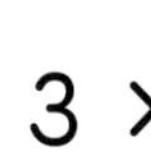 3 × □ = □

④ 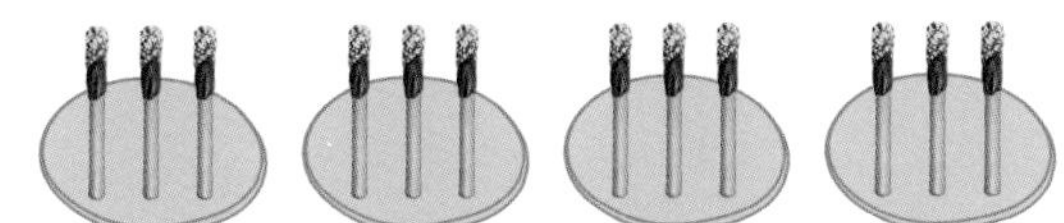 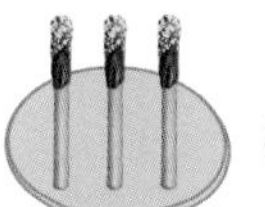  3 × □ = □

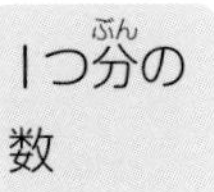
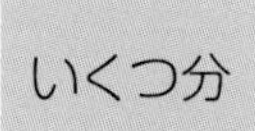
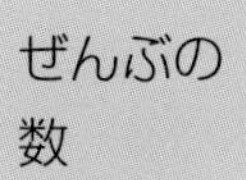

2 3のだんの 九九を 書(か)きましょう。 1つ5［25点］

- 3(さん) × 1(いち) = 3(が さん)
- 3(さん) × 2(に) = 6(が ろく)
- 3(さ) × 3(ざん) = 9(が く)
- 3(さん) × 4(し) = 12(じゅうに)

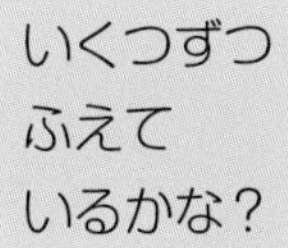

① 3(さん) × 5(ご) = □(じゅうご)

② 3(さぶ) × 6(ろく) = □(じゅうはち)

③ 3(さん) × 7(しち) = □(にじゅういち)

④ 3(さん) × 8(ぱ) = □(にじゅうし)

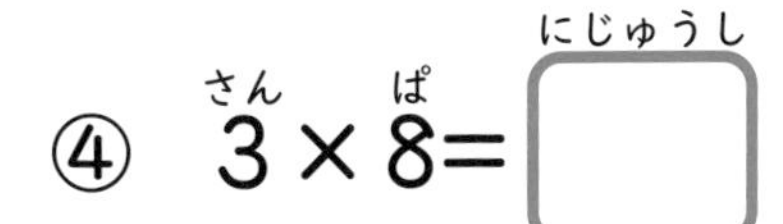

⑤ 3(さん) × 9(く) = □(にじゅうしち)

6 3のだんの 九九 ①

3 つぎの 計算(けいさん)を しましょう。 1つ5［40点(てん)］

① 3×3　　② 3×7

③ 3×6　　④ 3×4

⑤ 3×1　　⑥ 3×9

⑦ 3×8　　⑧ 3×2

4 3本の 花を 1たばに した 花たばが あります。

5たば分(ぶん)では，花は 何本(なんぼん)に なりますか。

しき10，答(こた)え5［15点］

しき（　　　　　　　　　）

答え（　　　　　　　　　）

答え 61ページ

月　　日　　点

7 3のだんの 九九 ②

名前

1 ぜんぶの 数(かず)を しらべて しきに 書(か)きましょう。 [10点(てん)]

      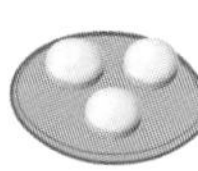 

1さらに 3 こずつの 9 さら分(ぶん)で, □ こです。

しきに 書くと, □ × □ = □ です。

2 かけ算(ざん)の しきに 書いて, ぜんぶの 数を もとめましょう。

1つ10 [30点]

①

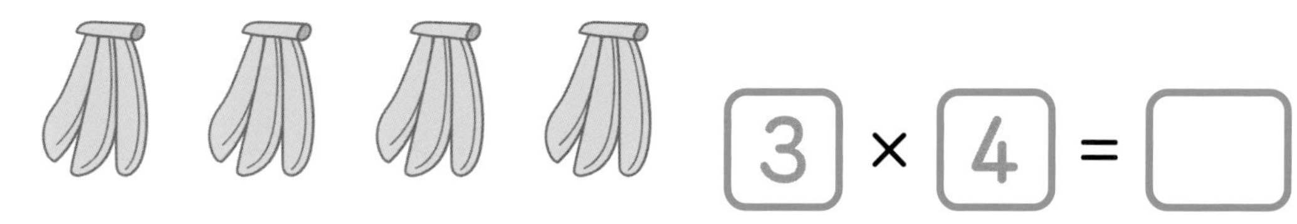

3 × 4 = □

②

□ × □ = □

③

□ × □ = □

7 3のだんの 九九 ②

3 ぜんぶの 数を もとめましょう。 [20点]

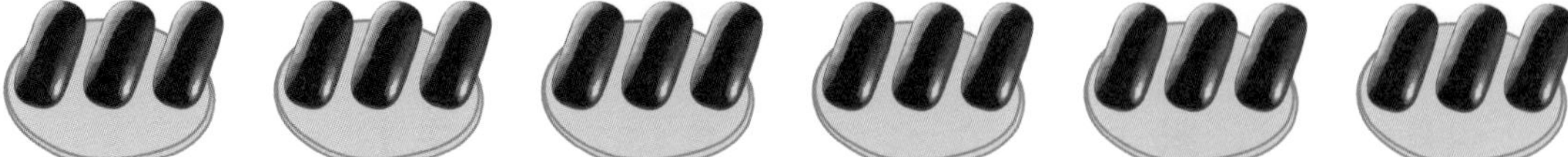

1さらに 3こずつの 6さら分なので，かけ算の しきに

書くと， 3 × □ = □ です。

「▲さら分」は
かける数だね。

この しきの かけられる数は  3 で，

かける数は □ です。

4 つぎの 計算を しましょう。 1つ5 [40点]

① 3×7　　② 3×5

③ 3×1　　④ 3×4

⑤ 3×9　　⑥ 3×2

⑦ 3×8　　⑧ 3×3

答え 62ページ

月　日　　点

8 4のだんの 九九 ①

名前

1 ぜんぶの 数(かず)を しらべましょう。　1つ5［20点(てん)］

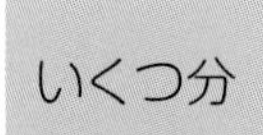

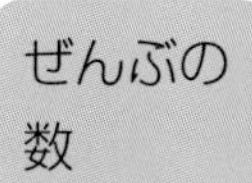

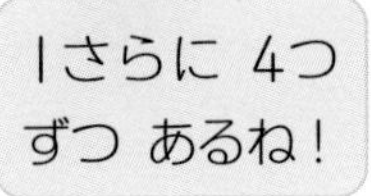

① 4 × 1 = 4

② 4 × □ = □

③ 4 × □ = □

④ 4 × □ = □

2 4のだんの 九九を 書(か)きましょう。　1つ5［25点］

● 4 × 1 = 4（し いち が し）　● 4 × 2 = 8（し に が はち）

● 4 × 3 = 12（し さん じゅうに）　● 4 × 4 = 16（し し じゅうろく）

① 4×5=□（し ご にじゅう）　② 4×6=□（し ろく にじゅうし）

③ 4×7=□（し しち にじゅうはち）　④ 4×8=□（し は さんじゅうに）

⑤ 4×9=□（し く さんじゅうろく）

8 4のだんの 九九 ①

3 つぎの 計算(けいさん)を しましょう。 1つ5［40点(てん)］

① 4×3　　② 4×9

③ 4×1　　④ 4×4

⑤ 4×6　　⑥ 4×5

⑦ 4×2　　⑧ 4×7

4 ある本の あつさは 4cmです。8さつ ならべた ときの あつさは ぜんぶで 何(なん)cmに なりますか。 しき10，答(こた)え5［15点］

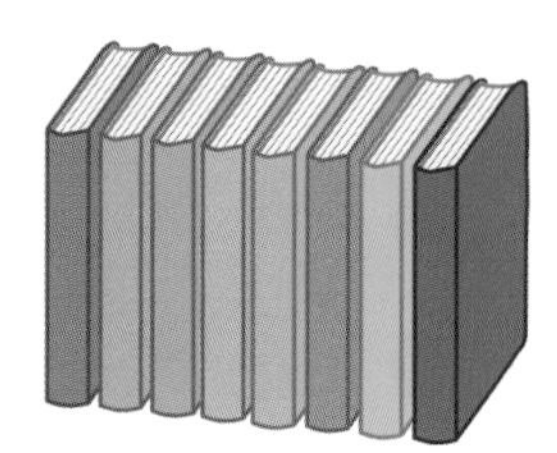

しき（　　　　　　　　　　）

答え（　　　　　　　　　　）

答え 63ページ

月　　日　　　点

9 4のだんの 九九 ②

名前

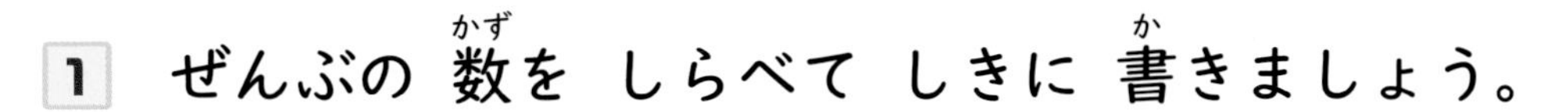

1 ぜんぶの 数(かず)を しらべて しきに 書(か)きましょう。  [10点(てん)]

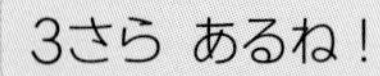

1さらに  4 こずつの  3 さら分(ぶん)で， こです。

しきに 書くと， × 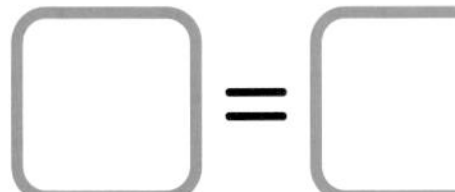 = です。

2 かけ算(ざん)の しきに 書いて，ぜんぶの 数を もとめましょう。

1つ10 [30点]

① 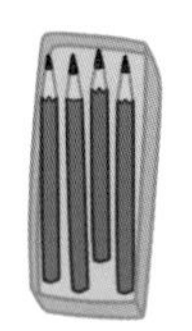    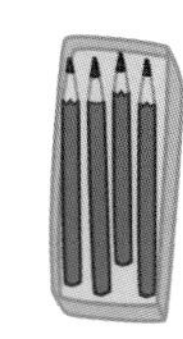

  4 × 5 =

②    

 × 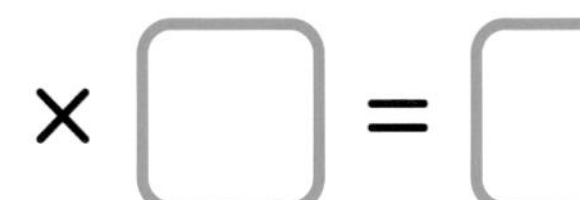 = 

③ 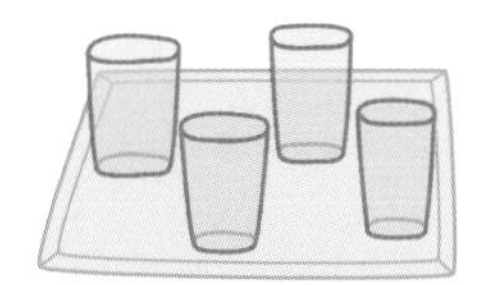 

 ×  = 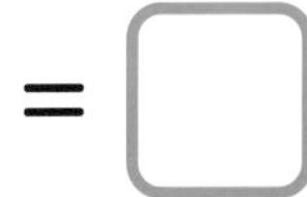

9 4のだんの 九九 ②

3 □に あう 数(かず)を 書(か)きましょう。 [20点(てん)]

		かける数					
		1	2	3	4	5	
かけられる数	1	1	2	3	4	5	
	2	2	4	6	8	10	
	3	3	6	9	12	15	
	4	4	8	12	㋐	20	

㋐に 入る 数は，4×4の 答(こた)えなので，16 です。

㋐の 右は，4×5＝□ で，4 ふえて います。

その 右は，4×6＝□ で，4 ふえて います。

4 つぎの 計算(けいさん)を しましょう。 1つ5 [40点]

① 4×9　　② 4×1

③ 4×5　　④ 4×3

⑤ 4×7　　⑥ 4×2

⑦ 4×4　　⑧ 4×8

答え 64ページ

月　　日　　点

チョコっと ひとやすみ

★かんたん！ おいしい★
こつぶチョコカップタルト風

○ざいりょう○ （12～15個分）

市販のタルトカップ … 12～15個
明治ミルクチョコレート … 1枚（50g）
明治ホワイトチョコレート … 1枚（40g）
マカダミアチョコレート … 12～15個
マーブルチョコレート … 1本
チョコベビー … 1本
チョコチューブ（すぐ固まるタイプ）… ピンク1本
アラザン … 適量
カラーシュガー … 適量

かならず おうちの人と いっしょに 作ろう。

○どうぐ○

電子レンジ，耐熱ボウル（小），泡だて器，ヘラ，耐熱カップ（チョコチューブあたため用），包丁，スプーン，ピンセット

○作り方○

① ミルクチョコレートを細かく刻んで耐熱ボウルに入れます。電子レンジで500Wで50～60秒くらい加熱し，泡だて器で混ぜてクリーム状にします。

② ①にチョコベビーを加えて，ヘラでよく混ぜ合わせます。

② チョコベビー

③ スプーンを使って，②をタルトカップに盛ります。

ポイント

チョコレートの かたまりが のこって いる ときや ねりが かたい ときは，さらに 10～20びょう かねつしてみよう。

④ ハート型のタルトカップのふちに
チョコチューブでピンクのチョコをのせ，
ピンセットでアラザンを飾ります。
（前のページの写真も見ながら飾ろう。）

⑤ ①のようにして，ホワイトチョコレートを
クリーム状にします。

⑥ マカダミアチョコレートに⑤をスプーンでかけ，
冷蔵庫で5～10分冷やし固めます。

⑦ タルトカップの3分の2の高さまで，⑤を
流しこみます。

⑧ ⑦に⑥をのせて，指でゆっくりと沈めます。

⑨ マカダミアチョコレートのまわりに
ホワイトチョコレートが盛り上がってきたら，
マーブルチョコレートを飾ります。

⑩ カラーシュガーのハートをのせれば，
できあがり！

ポイント

**ピンセットを じょうずに
つかう コツは，ゆっくりと
おちついて つかむ ことだよ。**

⑤
ホワイトチョコ
⑦
指でそっと沈ませる
⑧
ホワイトチョコが
盛り上がったら
マーブルを飾る

ポイント

**⑧の ときは チョコが
カップから
あふれないように
少しずつ そーっと
上から おしてね。**

ポイント

**ハートの カラーシュガーが
ない ときは，ほかの 形の
シュガーを のせたり
チョコチューブで かいたり
自ゆうに かざってみてね！**

とって おく ときは
れいぞうこに 入れて，
3日いないに 食べよう。

10 6のだんの 九九 ①

名前

1 ぜんぶの 数を しらべましょう。

1つ5［20点］

（1つ分の数）×（いくつ分）＝（ぜんぶの数）

① $6 \times 1 = 6$

②  $6 \times \square = \square$

③  $6 \times \square = \square$

④    $6 \times \square = \square$

2 6のだんの 九九を 書きましょう。

1つ5［25点］

- $6 \times 1 = 6$（ろく いち が ろく）
- $6 \times 2 = 12$（ろく に じゅうに）
- $6 \times 3 = 18$（ろく さん じゅうはち）
- $6 \times 4 = 24$（ろく し にじゅうし）

① $6 \times 5 = \square$（ろく ご さんじゅう）

② $6 \times 6 = \square$（ろく ろく さんじゅうろく）

③ $6 \times 7 = \square$（ろく しち しじゅうに）

④ $6 \times 8 = \square$（ろく は しじゅうはち）

⑤ $6 \times 9 = \square$（ろっ く ごじゅうし）

10 6のだんの 九九 ①

3 つぎの 計算(けいさん)を しましょう。 1つ5［40点(てん)］

① 6×2　　② 6×9

③ 6×4　　④ 6×7

⑤ 6×5　　⑥ 6×6

⑦ 6×8　　⑧ 6×1

4 水を 6dLずつ 3つの 水とうに 入れます。
ぜんぶで 何(なん)dLに なりますか。

しき10，答(こた)え5［15点］

しき（　　　　　　　　）

答え（　　　　　　　　）

答え 65ページ

月　　日　　点

11 6のだんの 九九 ②

名前

1 ぜんぶの 数(かず)を しらべて しきに 書(か)きましょう。 [10点(てん)]

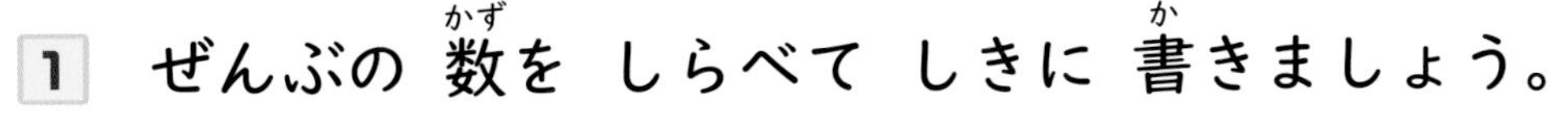

1さらに  6 こずつの  4 さら分(ぶん)で， こです。

しきに 書くと， ×  = ☐ です。

2 かけ算(ざん)の しきに 書いて，ぜんぶの 数を もとめましょう。

1つ10 [30点]

①

 6 × 8 = ☐

②

☐ × ☐ = ☐

③

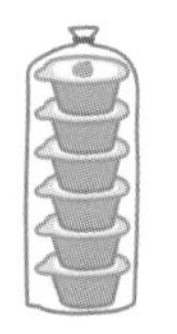 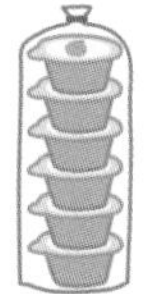 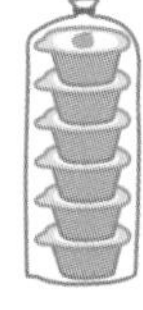 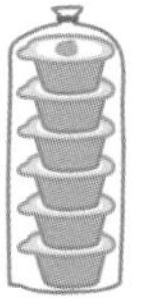 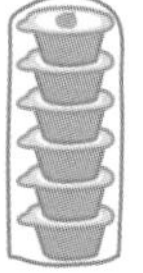 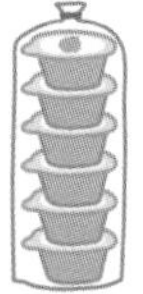

☐ × ☐ = ☐

3 ぜんぶの 数(かず)を もとめましょう。 [20点(てん)]

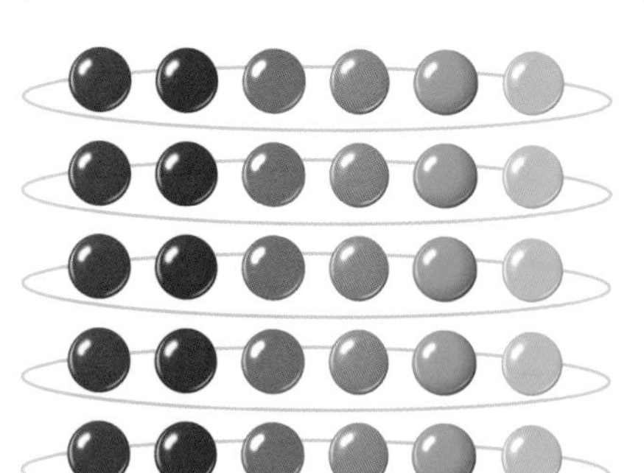

|さらを |まとまりと 見ると，6こずつの 5さら分(ぶん)です。

かけ算(ざん)の しきに 書(か)くと，

6 × □ = □ です。

同(おな)じ 色(いろ)を |まとまりと 見ると，5こずつの 6色分(しょくぶん)なので，

5 × □ = □ と 書くことも できます。

このように，かけられる数と かける数を 入れかえて 計算(けいさん)しても，答(こた)えは 同じ に なります。

4 つぎの 計算を しましょう。 1つ5 [40点]

① 6×6　② 6×7

③ 6×|　④ 6×4

⑤ 6×8　⑥ 6×2

⑦ 6×9　⑧ 6×3

答え 66ページ

月　日　点

12 7のだんの 九九 ①

名前

1 ぜんぶの 数を しらべましょう。　　1つ5［20点］

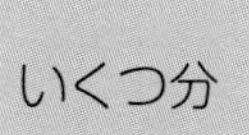

① 

$7 \times 1 = 7$

② 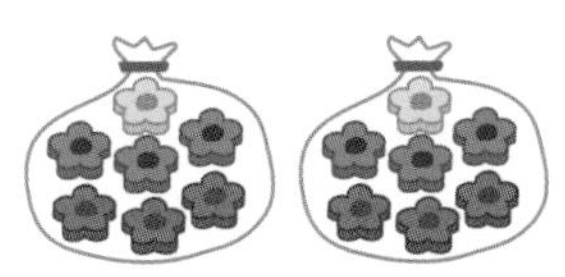

$7 \times \square = \square$

③   

$7 \times \square = \square$

④    

$7 \times \square = \square$

2 7のだんの 九九を 書きましょう。　　1つ5［25点］

- 7 × 1 = 7（しち いち が しち）
- 7 × 2 = 14（しち に じゅうし）
- 7 × 3 = 21（しち さん にじゅういち）
- 7 × 4 = 28（しち し にじゅうはち）

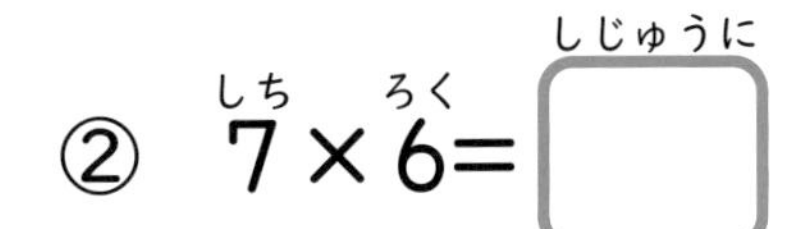

① 7×5=□（しち ご さんじゅうご）

② 7×6=□（しち ろく しじゅうに）

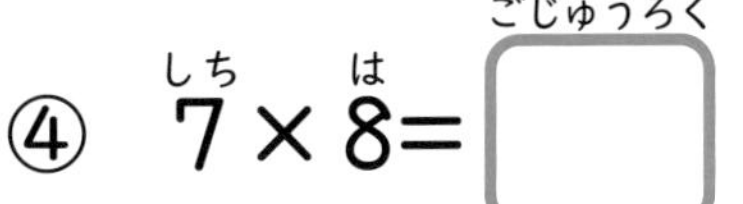

③ 7×7=□（しち しち しじゅうく）

④ 7×8=□（しち は ごじゅうろく）

⑤ 7×9=□（しち く ろくじゅうさん）

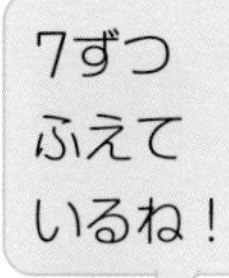

12 7のだんの 九九 ①

3 つぎの 計算(けいさん)を しましょう。 1つ5［40点(てん)］

① 7×3 ② 7×6

③ 7×9 ④ 7×1

⑤ 7×2 ⑥ 7×5

⑦ 7×8 ⑧ 7×4

4 7cmの テープを 7まい つかいます。
つかう テープの ながさは，ぜんぶで
何(なん)cmに なりますか。 しき10，答(こた)え5［15点］

（　　　　　　　　　　）

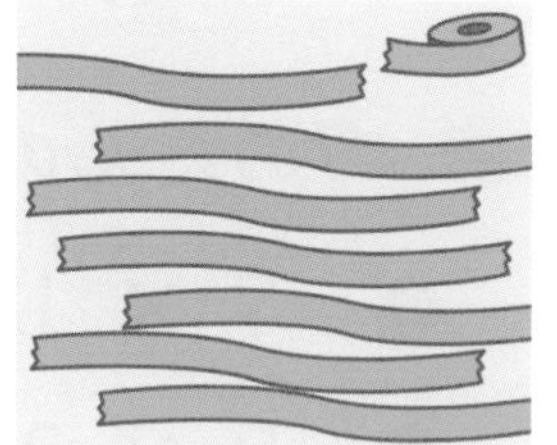

答え（　　　　　　　　）

答え 67ページ

月　　日　　　点

13 7のだんの 九九 ②

名前

1 ぜんぶの 数を しらべて しきに 書きましょう。 [10点]

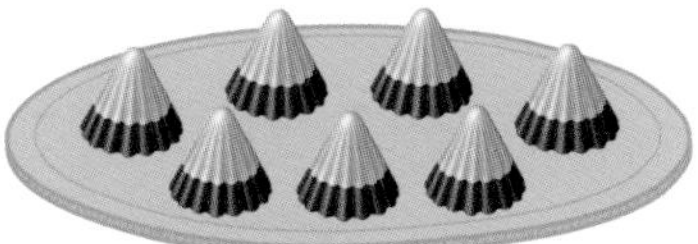

1さらに 7 こずつの 3 さら分で， □ こです。

しきに 書くと， □ × □ = □ です。

2 かけ算の しきに 書いて，ぜんぶの 数を もとめましょう。

1つ10 [30点]

① 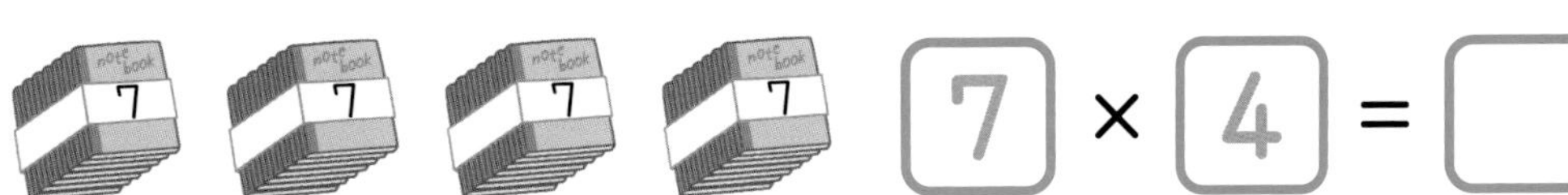
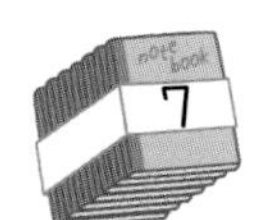

7 × 4 = □

② 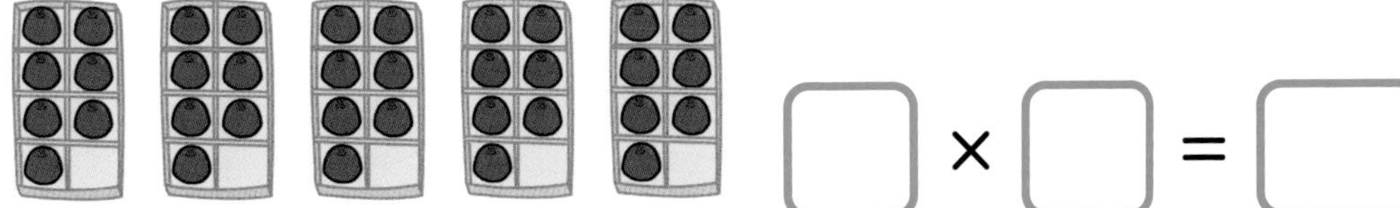
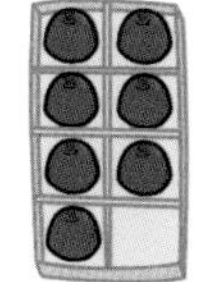

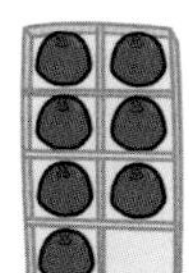
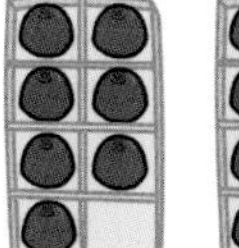
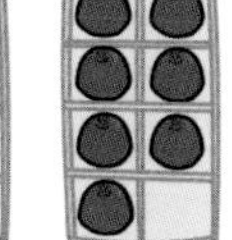

□ × □ = □

③ 
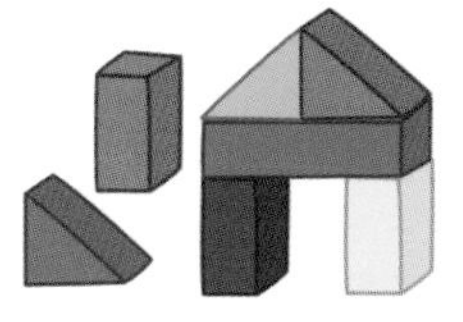

□ × □ = □

13 7のだんの 九九 ②

3 やさいの 数を もとめましょう。 [20点]

きゅうりと なすを あわせると，ぜんぶの 数だね！

ぜんぶの 数は，1さらに 7こずつの 6さら分なので，

かけ算の しきに 書くと，[7] × [　] = [　] です。

きゅうりの 数は，[5] × [6] = [　] で，

なすの 数は，[2] × [　] = [　] です。

このように，7のだんの 九九の 答えは，5のだんの 答えと 2のだんの 答えを たした 数に なって います。

4 つぎの 計算を しましょう。 1つ5 [40点]

① 7×8　　② 7×2

③ 7×1　　④ 7×7

⑤ 7×5　　⑥ 7×3

⑦ 7×4　　⑧ 7×9

答え 68ページ

月　日　　点

チョコっと まめちしき

いじんの
すきな 食べもの

○織田信長って どんな 人？○

織田信長は 今から 450年くらい前に
活やくした ぶしです。子どもの ころは
「うつけもの」（からっぽ，うっかりして
いる 人）と よばれて いました。
べん強中に 先生の 話を 聞かなかったり
して いた からです。かわりもの だった 信長ですが，
出しん地に かかわらず じつ力の ある人を ひょうかする
人だったと いわれて います。

○織田信長の すきな 食べもの○

そんな 信長の こうぶつは，
あまいものと やきみそでした。
やきみそは，みそに ねぎや さけ，
しょうがを くわえて 火で あぶった
ものです。みその 原りょうの だいずは
「はたけの お肉」と いわれるほど たんぱくしつが
たくさん ふくまれて います。

たんぱくしつは 肉や 魚に
多く ふくまれて いるよ。

○ベートーヴェンって どんな 人？○

ベートーヴェンは ドイツ生まれの
音楽家です。オーストリアの
ウィーンで 活やくしました。
音楽家で ありながら 20だい後半から
少しずつ 耳が 聞こえなくなり，
40だい半ばで ほぼ 聞こえなく
なって しまいました。それでも きょくを
作りつづけ，ゆう名な「交きょうきょく だい9番」など
れきしに のこる 作ひんを たくさん かんせいさせました。

○ベートーヴェンの すきな 食べもの○

ベートーヴェンは とても ゆう名な
音楽家ですが，その 食生活は
ごうかな ものでは ありませんでした。
お気に入りだった 食べものは
マカロニチーズです。チーズは
いろいろな えいようそを ふくんで います。また，牛にゅうで
おなかを こわしやすい 人でも，食べられる ことが
多いです。そのため，チーズは「かんぜんえいよう食ひん」
とも よばれて います。

チーズは むかしから
食べられて いた
みたいだよ。

14 8のだんの 九九 ①

名前

1 ぜんぶの 数(かず)を しらべましょう。　1つ5［20点(てん)］

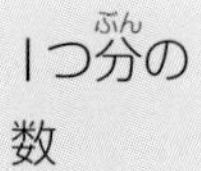

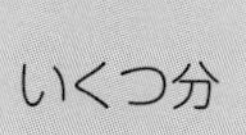

ぜんぶの
数

① 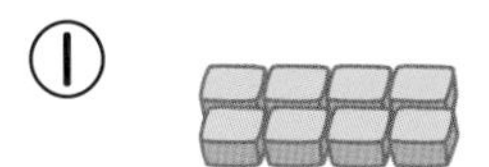

8つの
まとまりが…。

× 1 =

② 8 × □ = □

③ 8 × □ = □

④ 8 × □ = □

2 8のだんの 九九を 書(か)きましょう。　1つ5［25点］

- 8 × 1 = 8（はち いち が はち）
- 8 × 2 = 16（はち に じゅうろく）
- 8 × 3 = 24（はち さん にじゅうし）
- 8 × 4 = 32（はち し さんじゅうに）

① 8×5= □（はち ご しじゅう）

② 8×6= □（はち ろく しじゅうはち）

③ 8×7= □（はち しち ごじゅうろく）

④ 8×8= □（はっ ぱ ろくじゅうし）

⑤ 8×9= □（はっ く しちじゅうに）

14 8のだんの 九九 ①

3 つぎの 計算(けいさん)を しましょう。 1つ5［40点(てん)］

① 8×8　　② 8×1

③ 8×4　　④ 8×5

⑤ 8×3　　⑥ 8×6

⑦ 8×7　　⑧ 8×2

4 8まい入りの ガムが 9つ あります。
ガムは，ぜんぶで 何(なん)まい ありますか。

しき10，答(こた)え5［15点］

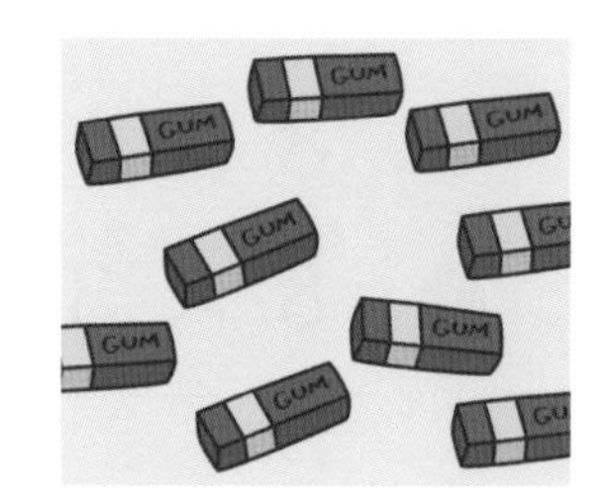

しき（　　　　　　）

答え（　　　　　　）

答え 69ページ

月　日　　点

15 8のだんの 九九 ②

名前

1 ぜんぶの 数(かず)を しらべて しきに 書(か)きましょう。 [10点(てん)]

まとまりが
4たば分(ぶん) あるね！

1たばに 8 本ずつの 4 たば分で, □ 本です。

しきに 書くと, □ × □ = □ です。

2 かけ算(ざん)の しきに 書いて, ぜんぶの 数を もとめましょう。

1つ10 [30点]

①

8 × 5 = □

②

□ × □ = □

③
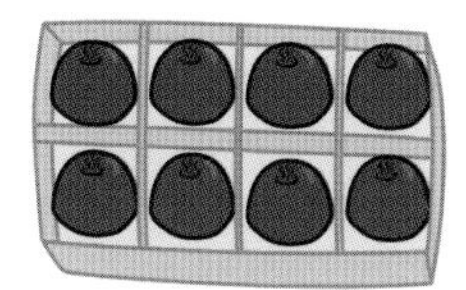
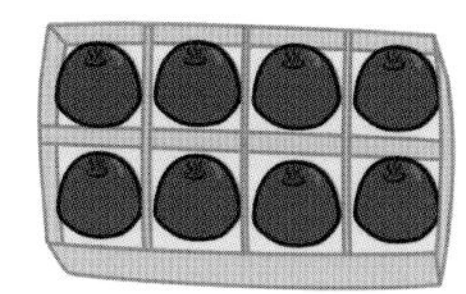

□ × □ = □

15 8のだんの 九九 ②

3 ぜんぶの 数(かず)を もとめましょう。 [20点(てん)]

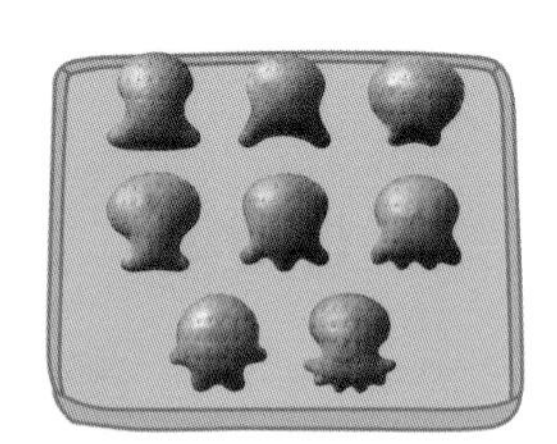
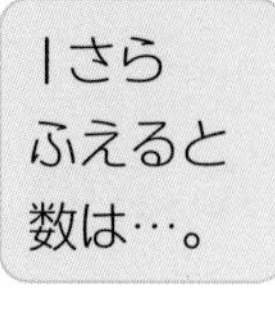

8こずつの 2さら分(ぶん)なので，かけ算(ざん)の しきに 書(か)くと，

[8] × [　] = [　] です。答(こた)えは，[　] + [　] でも

もとめられます。8こずつの おさらが もう1さら ふえると，

ぜんぶの 数は [　] こ ふえます。

4 つぎの 計算(けいさん)を しましょう。 1つ5 [40点]

① 8×1　　② 8×9

③ 8×8　　④ 8×4

⑤ 8×7　　⑥ 8×3

⑦ 8×5　　⑧ 8×6

答え 70ページ

月　日　　点

16 9のだんの 九九 ①

名前

1 ぜんぶの 数(かず)を しらべましょう。　1つ5［20点(てん)］

① 

② 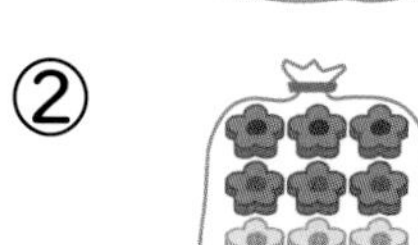 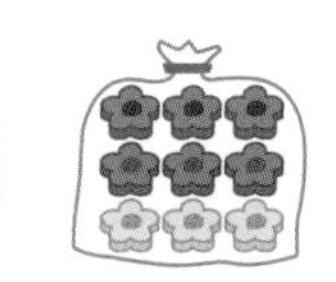

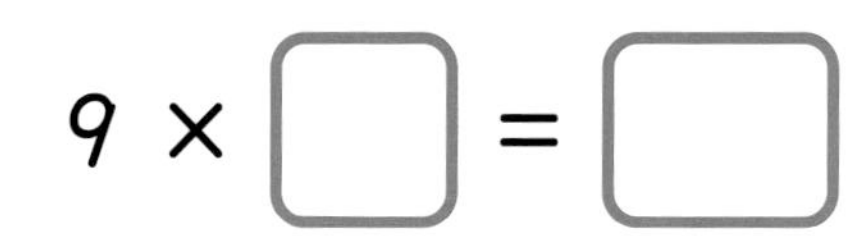

9 × □ = □

③ 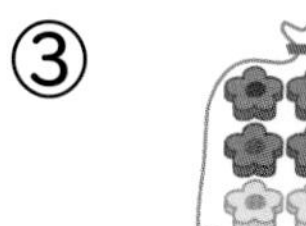  

9 × □ = □

④     

9 × □ = □

2 9のだんの 九九を 書(か)きましょう。　1つ5［25点］

- 9(く) × 1(いち) = 9(が く)
- 9(く) × 2(に) = 18(じゅうはち)
- 9(く) × 3(さん) = 27(にじゅうしち)
- 9(く) × 4(し) = 36(さんじゅうろく)

① 9(く) × 5(ご) = □(しじゅうご)

② 9(く) × 6(ろく) = □(ごじゅうし)

③ 9(く) × 7(しち) = □(ろくじゅうさん)

④ 9(く) × 8(は) = □(しちじゅうに)

⑤ 9(く) × 9(く) = □(はちじゅういち)

16 9のだんの 九九 ①

3 つぎの 計算を しましょう。　1つ5［40点］

① 9×2　　② 9×1

③ 9×9　　④ 9×7

⑤ 9×4　　⑥ 9×3

⑦ 9×8　　⑧ 9×6

4 かじゅうグミが 1さらに 9こずつ のって います。

5さら分では，かじゅうグミは 何こに なりますか。

しき10，答え5［15点］

しき（　　　　）

答え（　　　　）

答え 71ページ

月　日　　点

17 9のだんの 九九 ②

名前

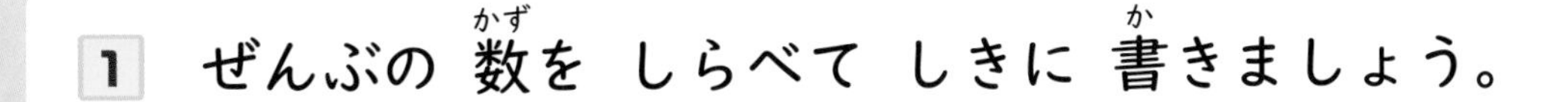

1 ぜんぶの 数を しらべて しきに 書きましょう。  [10点]

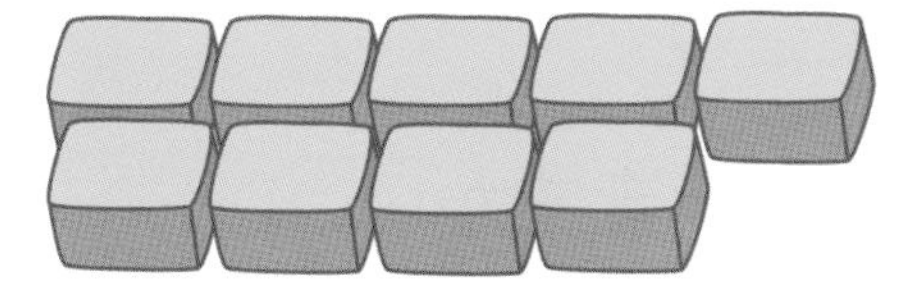 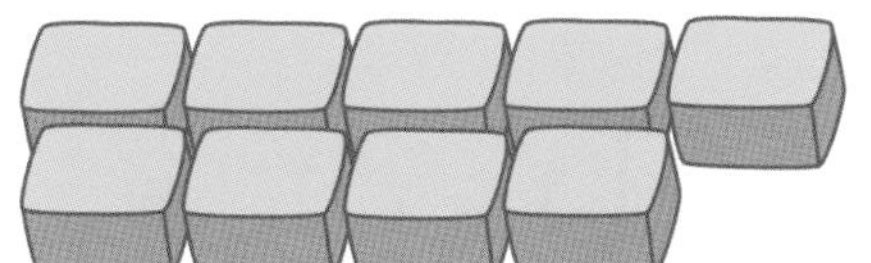

1セットに  9 こずつの  2 セット分で，  こ

です。しきに 書くと，  ×  =  です。

2 かけ算の しきに 書いて，ぜんぶの 数を もとめましょう。

1つ10 [30点]

① 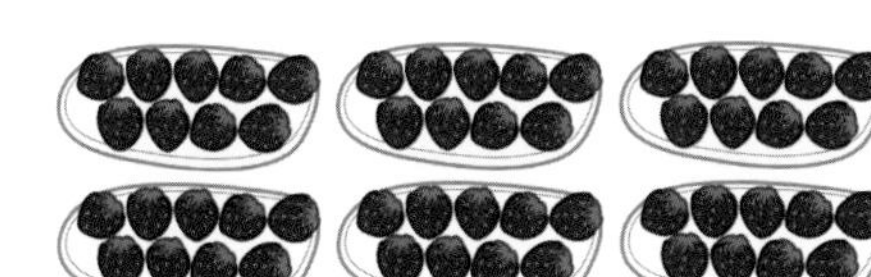

 9 ×  6 = 

② 

□ × □ = □

③    

 ×  = 

17 9のだんの 九九 ②

3 絵(え)を 見て，かけ算(ざん)の もんだいを つくりましょう。 [20点(てん)]

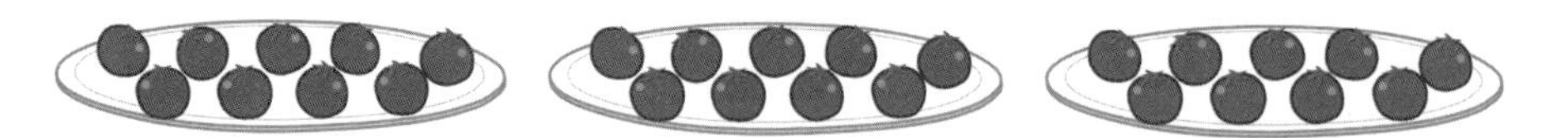

もんだい 1さらに ミニトマトが 9 こずつ あります。

3 さらでは，何(なん)こに なりますか。

しき □ × □ ＝ □

答(こた)え（　　　　）

4 つぎの 計算(けいさん)を しましょう。 1つ5 [40点]

① 9×9　② 9×4

③ 9×7　④ 9×8

⑤ 9×1　⑥ 9×5

⑦ 9×6　⑧ 9×2

2のだんから
9のだんまで
できるように
なったね！

答え 72ページ

月　日　点

18 1のだんの 九九

名前

1 ぜんぶの 数(かず)を しらべましょう。

1つ5［20点(てん)］

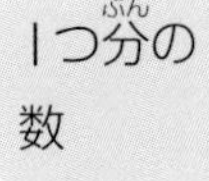

いくつ分

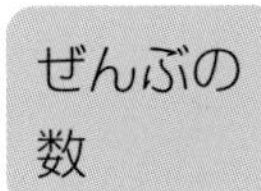

1この まとまりが いくつ分 あるか 考(かんが)えよう！

①  

1 × 1 = 1

② 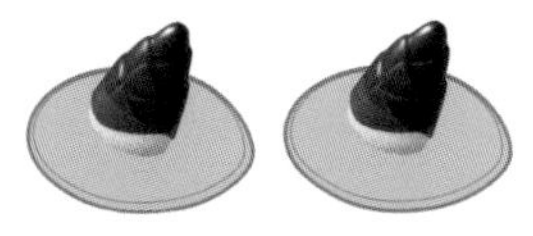

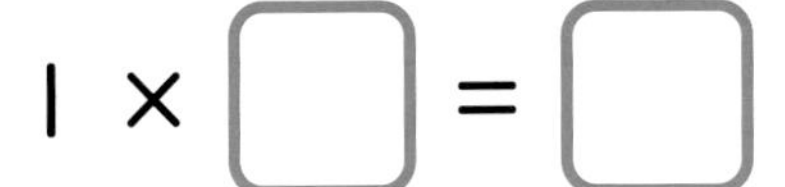

1 × □ = □

③  

1 × □ = □

④ 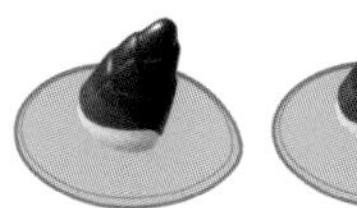 

1 × □ = □

2 1のだんの 九九を 書(か)きましょう。

1つ5［25点］

- 1 × 1 = 1（いんいちがいち）
- 1 × 2 = 2（いんにがに）
- 1 × 3 = 3（いんさんがさん）
- 1 × 4 = 4（いんしがし）

① 1×5=□（いんごがご）

② 1×6=□（いんろくがろく）

③ 1×7=□（いんしちがしち）

④ 1×8=□（いんはちがはち）

⑤ 1×9=□（いんくがく）

18 1のだんの 九九

3 つぎの 計算(けいさん)を しましょう。 1つ5［40点(てん)］

① 1×9　　② 1×2

③ 1×1　　④ 1×7

⑤ 1×5　　⑥ 1×6

⑦ 1×3　　⑧ 1×4

4 けしゴムが 1ふくろに 1こずつ 入って います。
8ふくろ分(ぶん)では，けしゴムは 何(なん)こに なりますか。 しき10，答(こた)え5［15点］

しき（　　　　　　　　）

答え（　　　　　　　　）

答え 73ページ

月　　日　　点

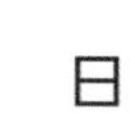

チョコっと ひとやすみ

九九の もようを つくろう！

4のだんの 九九の 答(こた)えの 一のくらいを つかって，もようを つくりましょう。

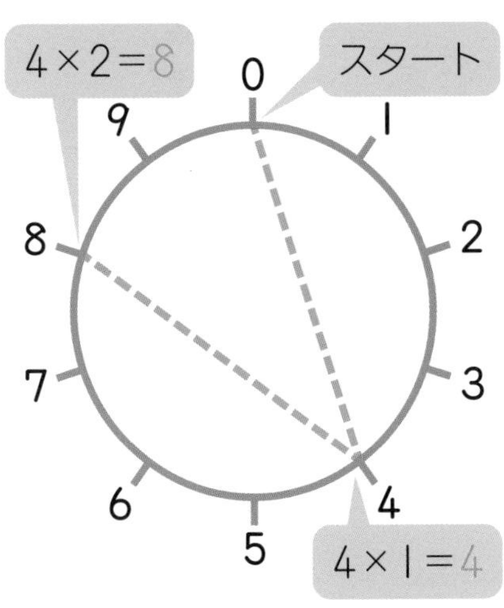

0から はじめます。4×1＝ 4 なので，4に すすみます。

4×2＝ 8 なので，つぎに 8 に すすみます。

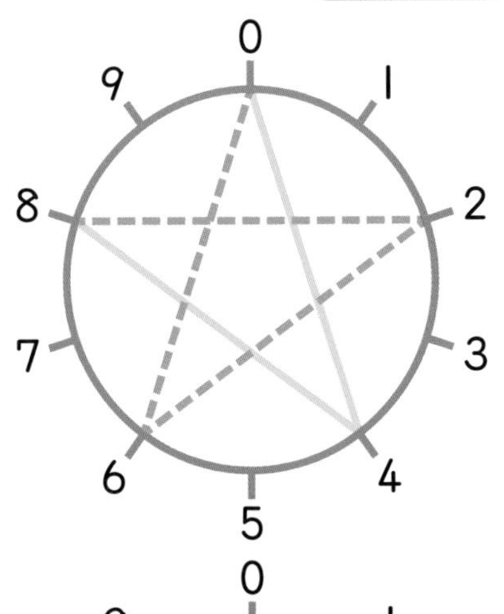

4×3＝ 12 なので，答えの 一のくらいの 2 に すすみます。

4×4＝□，4×5＝□も 同(おな)じように かきます。

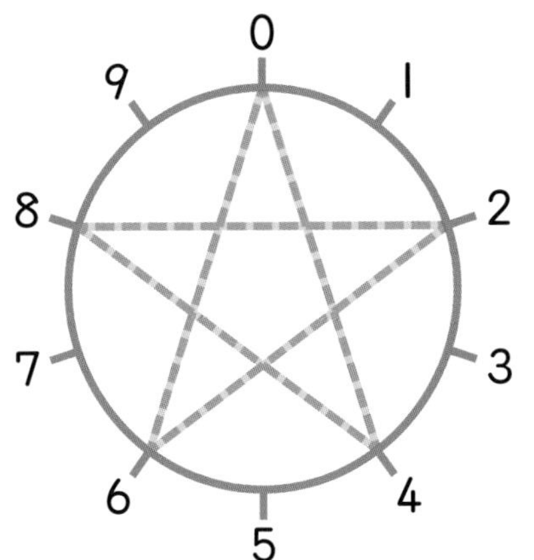

4×6＝□なので，はじめに かいた 線(せん)を なぞって □に すすみます。4×7，4×8，4×9も かいて，さいごは 0に もどります。

いろいろな だんの 九九の 答(こた)えを つかって，もようを つくりましょう。

答えの
一のくらいに
ちゅうもくしよう。

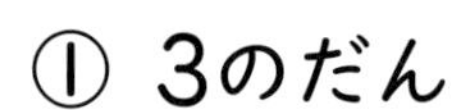

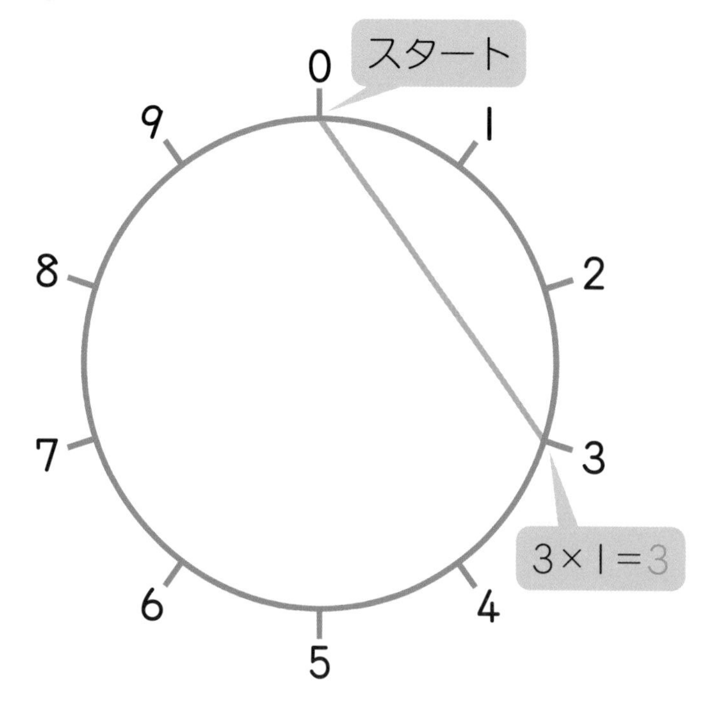

3のだんは，
一のくらいの 数字(すうじ)が
ぜんぶ ちがうね。

② 6のだん

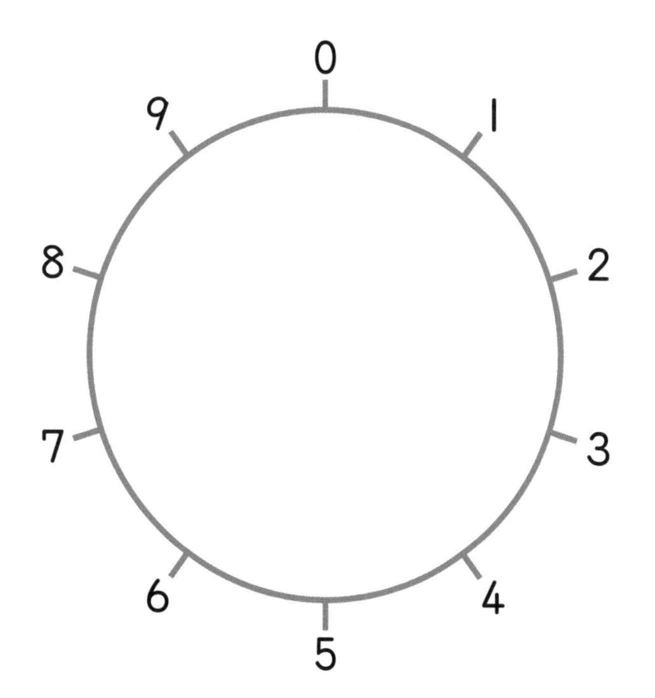

この もようは
4のだんと……。

ほかの だんでも
やってみよう。

19 九九の ひょう

名前

1 九九の ひょうを 見て 答(こた)えましょう。 1つ25［50点(てん)］

		かける数								
		1	2	3	4	5	6	7	8	9
かけられる数	1	1	2	3	4	5	6	7	8	9
	2	2	4	6	8	10	12	14	16	18
	3	3	6	9	12	15	18	21	24	27
	4	4	8	12	16	20	24	28	32	36
	5	5	10	15	20	25	30	35	40	45
	6	6	12	18	24	30	36	42	48	54
	7	7	14	21	28	35	42	49	56	63
	8	8	16	24	32	40	48	56	64	72
	9	9	18	27	36	45	54	63	72	81

① 6のだんでは，かける数(かず)が 1 ふえると，答えは [6] ふえます。$6 \times 5 = 6 \times 4 +$ [ ] です。

ほかの だんでも たしかめてみよう！

② かけられる数と かける数を 入れかえて 計算(けいさん)しても，答えは 同(おな)じに なります。$7 \times 9 =$ [9] × [ ] です。

19 九九の ひょう

2 かけ算の きまりを つかって 答えましょう。　1つ25［50点］

① あてはまる 数を 書きましょう。

・8×4＝［4］×［　］

・4×8＝4×7＋［　］

・3×5＋3＝3×［　］

かける数が
1 ふえると いくつ
ふえるかな？

② 九九の ひょうを 見て，答えが 下の 数に なる 九九を みつけましょう。

・14に なるのは，［2］×［7］と［7］×［　］です。

・25に なるのは，［　］×［　］です。

・12に なるのは，［2］×［　］と［3］×［　］と［4］×［　］と［　］×［　］です。

答え 75ページ

月　日　　点

20 九九の ひょうを 広げて

名前

1 九九の ひょうを 広(ひろ)げた 数(かず)を しらべましょう。 [40点(てん)]

		かける数									
		1	2	3	4	5	6	7	8	9	10
かけられる数	1	1	2	3	4	5	6	7	8	9	
	2	2	4	6	8	10	12	14	16	18	
	3	3	6	9	12	15	18	21	24	27	あ
	4	4	8	12	16	20	24	28	32	36	
	5	5	10	15	20	25	30	35	40	45	
	6	6	12	18	24	30	36	42	48	54	
	7	7	14	21	28	35	42	49	56	63	
	8	8	16	24	32	40	48	56	64	72	
	9	9	18	27	36	45	54	63	72	81	
	10				い						

あには，3×10＝3×9＋［3］なので，［　］が入ります。いには，10×4＝4×10なので，4×10＝4×9＋［4］で，［　］が 入ります。

4×10は，かける数が
1 ふえると 4 ふえるから…。

20 九九の ひょうを 広げて

2 かけ算(ざん)の きまりを つかって 答(こた)えましょう。 [30点(てん)]

11× 9＝9×[11]

9× 9＝81

9 ふえる

9×10＝[ ]

9 ふえる

9×11＝[ ]

だから，11×9＝[ ]

9のだんは，
かける数(かず)が
1 ふえると
9ずつ ふえて
いくね！

3 カードを，1人に 3まいずつ くばります。
11人に くばるには，カードは 何(なん)まい
いりますか。 しき20，答え10 [30点]

しき（ ）

答え（ ）

答え 76ページ

月 日 点

21 ばいと かけ算

名前

1 何ばいか しらべましょう。　　1つ20［40点］

①
あ
い

いの テープは，あの テープ 4つ分の 長さなので，
あの テープの ［4］ばいの 長さです。

あの テープは 2cmでした。いの テープの 長さは，
かけ算の しきに 書くと，［2］×［　］=8で，8cmです。

②
あ
い
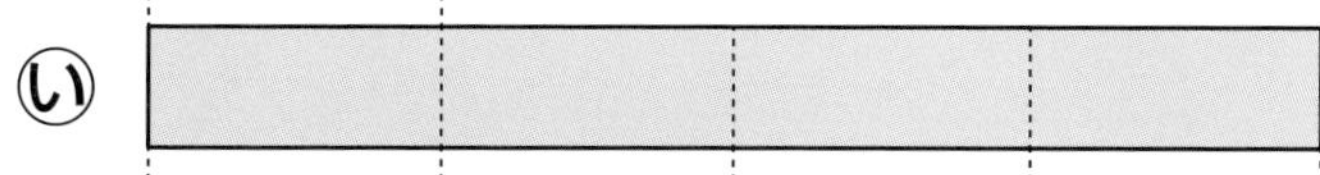
う
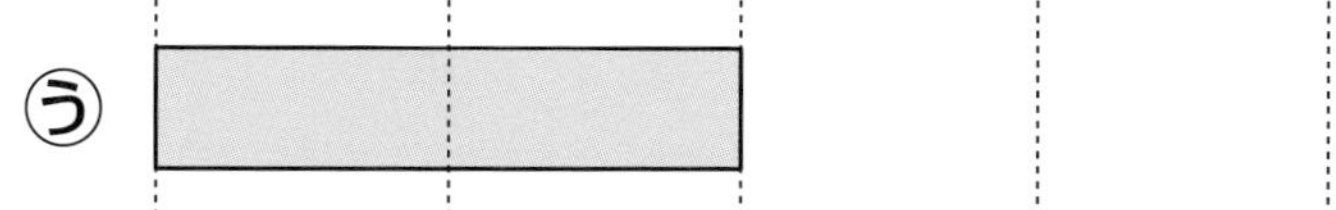
え
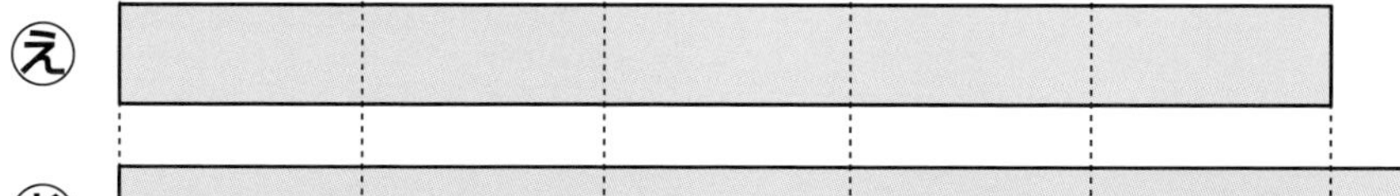
お

あの テープの 5ばいの 長さの テープは，［　］の
テープです。おの テープは，うの テープの［　］ばいの
長さです。

21 ばいと かけ算

2 何(なん)ばいか しらべましょう。 [30点(てん)]

きのこの山 

たけのこの里(さと) 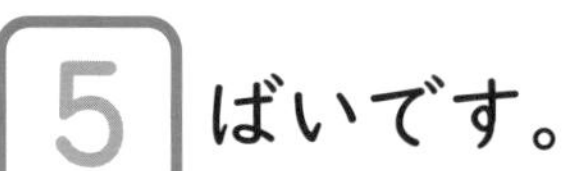

たけのこの里の 数(かず)は，

きのこの山の 数の 5 ばいです。

きのこの山は 3こ，
たけのこの里は 15こ
あるね！

3 あつさが 4cmの 本を 3さつ つみます。
高(たか)さは 何cmに なりますか。

しき20，答(こた)え10 [30点]

しき（　　　　　　　　　　）

答え（　　　　　　　　　　）

答え 77ページ

月　　日　　点

22 2年生の まとめ

名前

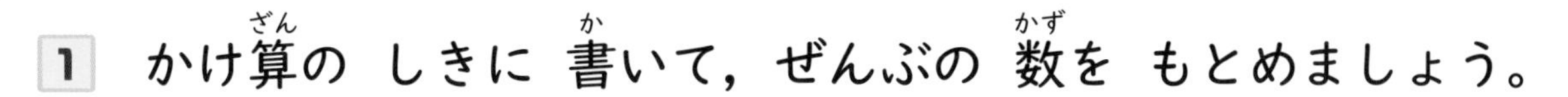

1 かけ算の しきに 書いて，ぜんぶの 数を もとめましょう。

1つ5［15点］

① 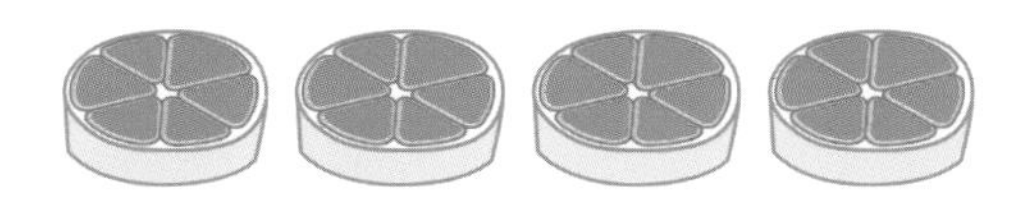

□ × □ ＝ □

② 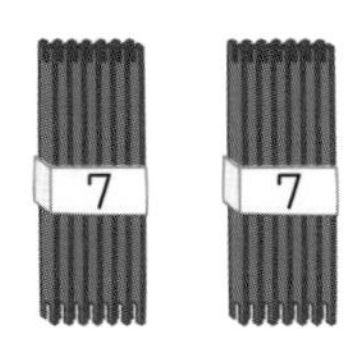

□ × □ ＝ □

③ 

□ × □ ＝ □

2 かけ算の きまりを つかって 答えましょう。 1つ5［15点］

① 8×8＝8×7＋□

② 6×9＝9×□

③ 10×8＝□×10

8×10＝8×□＋8なので，

10×8＝□

●かける数が 1 ふえると，答えは かけられる数だけ ふえる。
●かけられる数と かける数を 入れかえて 計算しても，答えは 同じ。

22 2年生の まとめ

3 つぎの 計算(けいさん)を しましょう。 1つ5［40点(てん)］

① 8×1　　② 7×6

③ 4×7　　④ 9×5

⑤ 2×8　　⑥ 1×4

⑦ 10×2　　⑧ 3×11

4 きのこの山が 1さらに 6こずつ のった さらが，3さら あります。

きのこの山は，ぜんぶで 何(なん)こ ありますか。 しき20，答(こた)え10［30点］

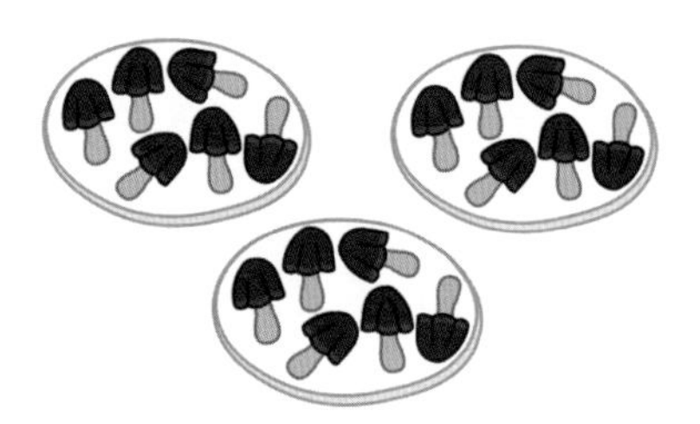

しき（　　　　　　　　　　）

答え（　　　　　　　　　　）

答え 78ページ

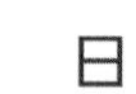

月　　日　　点

おかしなドリル

小学2年 かけ算九九

答えと てびき

答えあわせを しよう!
まちがえた もんだいは
どうして まちがえたか 考えて
もういちど といてみよう。

もんだいと 同じように
切りとって つかえるよ。

1 かけ算の しき

名前

1 数を しらべましょう。 1つ10［20点］

①

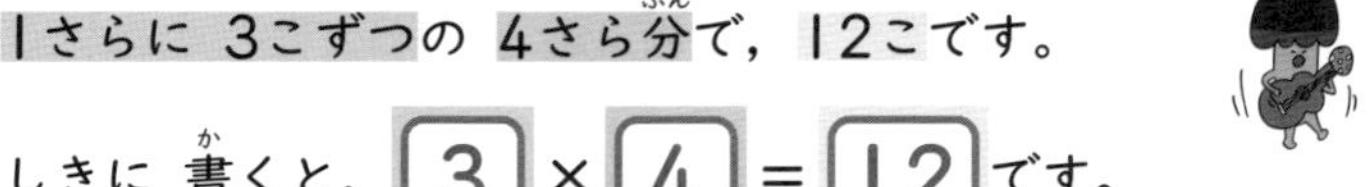

ぜんぶで 何こ あるかな？

1さらに 3こずつの 4さら分で，12こです。

しきに 書くと， 3 × 4 ＝ 12 です。

②

1さらに 2 こずつの 5 さら分で， 10 こです。

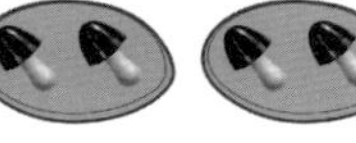

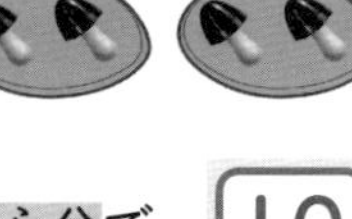

しきに 書くと， 2 × 5 ＝ 10 です。

2 かけ算の しきに 書きましょう。 1つ10［20点］

①

1つ分の 数　　いくつ分

4 × 2

②

5 × 3

1 かけ算の しき

3 ぜんぶの 数を もとめる しきを 書きましょう。 1つ20［40点］

①

1さらに 4こずつの 3さら分なので，かけ算の しきに

書くと， 4 × 3 です。

答えは， 4 ＋ 4 ＋ 4 でも もとめられます。

②

1さらに 7こずつの 2さら分なので，かけ算の しきに

書くと， 7 × 2 です。

答えは， 7 ＋ 7 でも もとめられます。

かけ算と たし算の 2つの もとめかたが あるんだね！

4 2×3の 答えを たし算で もとめましょう。 しき10，答え10［20点］

しき（ 2 ＋ 2 ＋ 2 ＝ 6 ）

★問題文の「2×3」までを読んで，式に「2×3」のようなかけ算を書いていたら，問題文を最後まで読むように伝えてください。

答え（ 6 ）

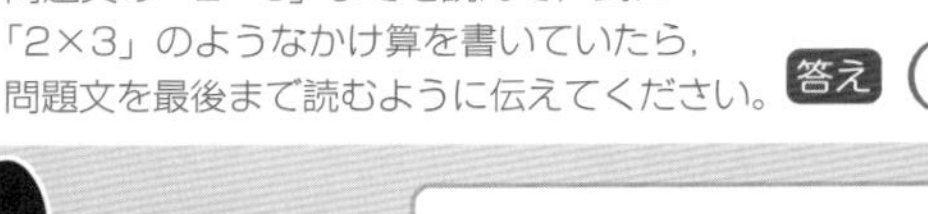

答え 56ページ

月　日　点

2 5のだんの 九九 ①

名前

1 ぜんぶの 数(かず)を しらべましょう。　1つ5〔20点(てん)〕

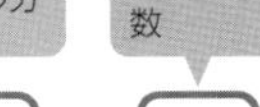

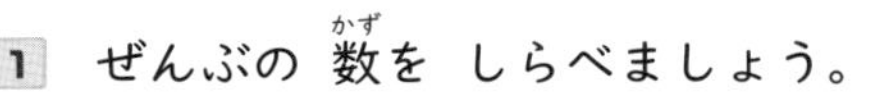
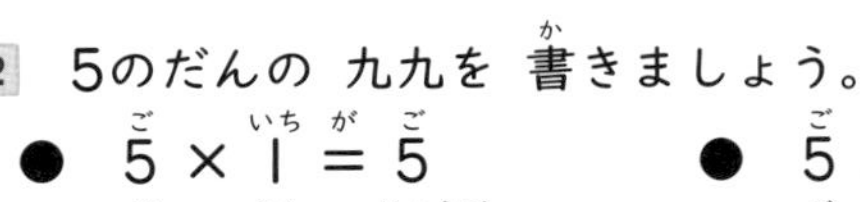

① 5 × 1 = 5

② 5 × 2 = 10

③ 5 × 3 = 15

④ 5 × 4 = 20

2 5のだんの 九九を 書(か)きましょう。　1つ5〔25点〕

- 5(ご) × 1(いち) = (が) 5(ご)
- 5(ご) × 2(に) = 10(じゅう)
- 5(ご) × 3(さん) = 15(じゅうご)
- 5(ご) × 4(し) = 20(にじゅう)

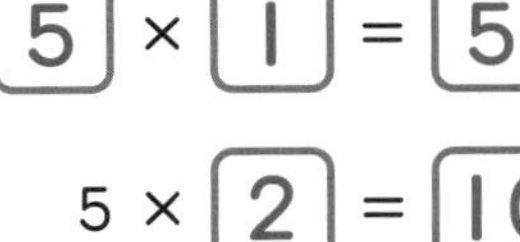

① 5(ご)×5(ご)= 25(にじゅうご)　② 5(ご)×6(ろく)= 30(さんじゅう)

③ 5(ご)×7(しち)= 35(さんじゅうご)　④ 5(ご)×8(は)= 40(しじゅう)

⑤ 5(ごっ)×9(く)= 45(しじゅうご)

★5の段は，1年生でも時刻を読み取るときに「5，10，15，20，…」と言い慣れていることが多いです。

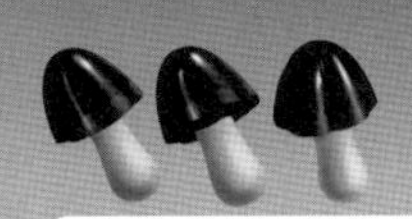

2 5のだんの 九九 ①

3 つぎの 計算(けいさん)を しましょう。　1つ5〔40点〕

① 5×8=40　② 5×1=5

③ 5×3=15　④ 5×5=25

⑤ 5×2=10　⑥ 5×7=35

⑦ 5×9=45　⑧ 5×6=30

4 みかんが 1つの ふくろに 5こずつ 入って います。
　4ふくろ分(ぶん)では，みかんは 何(なん)こに なりますか。　しき10，答(こた)え5〔15点〕

しき（ 5 × 4 = 20 ）

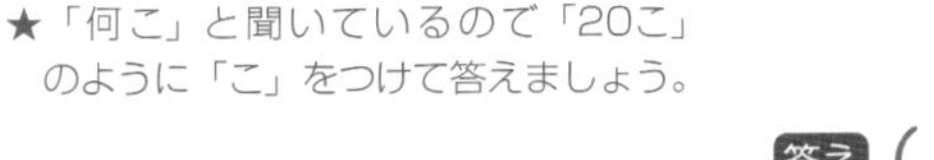

★「何こ」と聞いているので「20こ」のように「こ」をつけて答えましょう。

答え（ 20こ ）

答え 57ページ　　月　日　　点

3 5のだんの 九九 ②

名前

1 ぜんぶの 数(かず)を しらべて しきに 書(か)きましょう。 [10点(てん)]

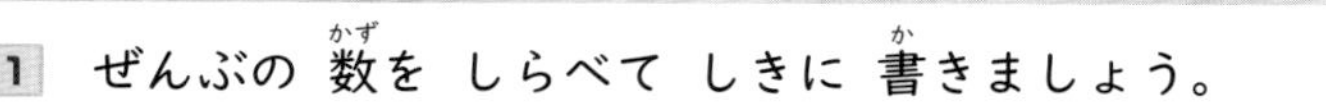

1さらに [5] こずつの [3] さら分(ぶん)で, [15] こです。

しきに 書くと, [5] × [3] = [15] です。

★まずは,「1（さら）に ●（こ）ずつの ▲（さら）分」を, ●×▲の かけ算にすることに慣れましょう。

2 かけ算(ざん)の しきに 書いて, ぜんぶの 数を もとめましょう。 1つ10 [30点]

① [5] × [6] = [30]

② [5] × [4] = [20]

③ [5] × [7] = [35]

3 5のだんの 九九 ②

3 ぜんぶの 数(かず)を もとめましょう。 [20点(てん)]

1さらに 5こずつの 2さら分(ぶん)なので, かけ算(ざん)の しきに 書(か)くと, [5] × [2] です。

答(こた)えは, [5] + [5] でも もとめられます。

ぜんぶで, [10] こです。

5こと 5こを
あわせて
もとめられるね！

4 つぎの 計算(けいさん)を しましょう。 1つ5 [40点]

① 5×7=35　② 5×4=20

③ 5×6=30　④ 5×1=5

⑤ 5×9=45　⑥ 5×5=25

⑦ 5×3=15　⑧ 5×8=40

答え 58ページ

月　日　点

4 2のだんの 九九 ①

名前

1 ぜんぶの 数を しらべましょう。　1つ5［20点］

★まずは全部の数を数えて，「2が1つ分で2」という表し方に慣れましょう。

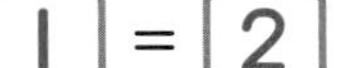

	1つ分の数		いくつ分		ぜんぶの数
①	2	×	1	=	2
②	2	×	2	=	4
③	2	×	3	=	6
④	2	×	4	=	8

2 2のだんの 九九を 書きましょう。　1つ5［25点］

- 2 × 1 = 2
- 2 × 2 = 4
- 2 × 3 = 6
- 2 × 4 = 8

① 2×5= 10　② 2×6= 12

③ 2×7= 14　④ 2×8= 16

⑤ 2×9= 18

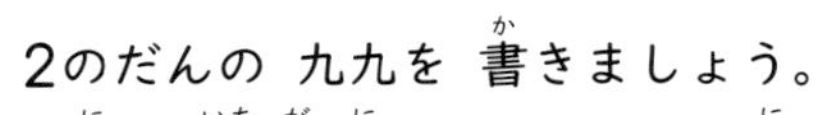
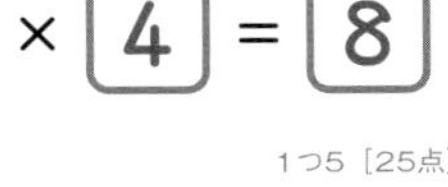
2，4，6，8，10，12，…と，2のだんの 九九は 答えが 2ずつ ふえて いくね！

4 2のだんの 九九 ①

3 つぎの 計算を しましょう。　1つ5［40点］

① 2×2=4　② 2×8=16

③ 2×7=14　④ 2×4=8

⑤ 2×6=12　⑥ 2×9=18

⑦ 2×5=10　⑧ 2×1=2

★九九を覚えてくると，答えを書くことに気持ちが向き，「=」を書き忘れることがあります。答えの前に「=」が書かれているか，確認してください。

4 お楽しみ会で，たけのこの里を 1人に 2こずつ くばります。3人分では，何こ いりますか。

しき10，答え5［15点］

しき（ 2 × 3 = 6 ）

答え（ 6こ ）

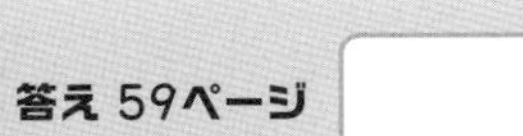

答え 59ページ

月　日　点

5 2のだんの 九九 ②

名前

1 ぜんぶの 数(かず)を しらべて しきに 書(か)きましょう。 [10点(てん)]

  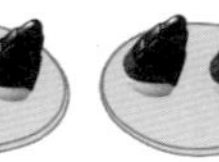 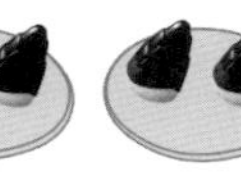  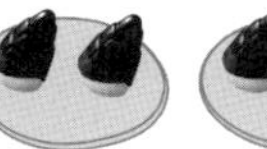   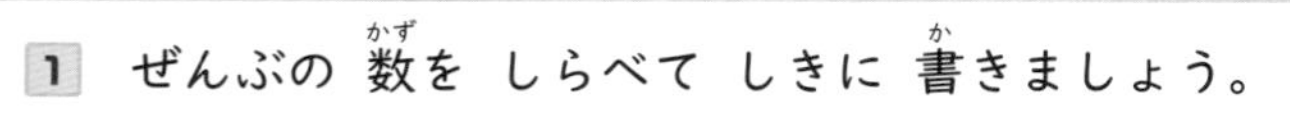

1さらに 2 こずつの 6 さら分(ぶん)で, 12 こです。

しきに 書くと, 2 × 6 = 12 です。

2 かけ算(ざん)の しきに 書いて, ぜんぶの 数を もとめましょう。 1つ10 [30点]

① 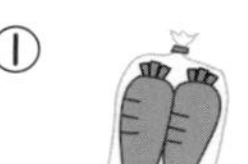 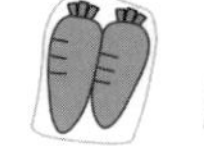 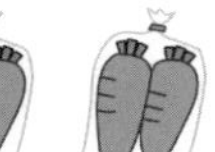 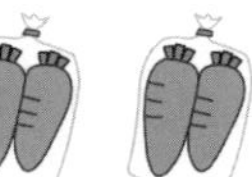    2 × 4 = 8

②    2 × 2 = 4

③   2 × 7 = 14

★ご家庭にあるもので，2つセットになっているものの全部の数を求めてみるとよいでしょう。

5 2のだんの 九九 ②

3 あわせた かさを もとめましょう。 [20点(てん)]

はじめに，2Lが 3本 あるので，かけ算(ざん)の しきに 書(か)くと，

2 × 3 = 6 です。1本 ふえると， 2 L

ふえます。答(こた)えは， 6 + 2 で もとめられます。

あわせた かさは 8 Lです。

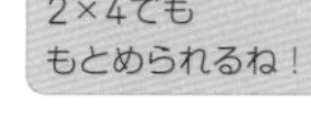

4 つぎの 計算(けいさん)を しましょう。 1つ5 [40点]

① 2×4=8　② 2×7=14

③ 2×1=2　④ 2×5=10

⑤ 2×2=4　⑥ 2×9=18

⑦ 2×6=12　⑧ 2×8=16

答え 60ページ　　月　日　　点

6 3のだんの 九九 ①

名前

1 ぜんぶの 数を しらべましょう。 1つ5［20点］

	1つ分の数		いくつ分		ぜんぶの数
①	3	×	1	=	3
②	3	×	2	=	6
③	3	×	3	=	9
④	3	×	4	=	12

2 3のだんの 九九を 書きましょう。 1つ5［25点］

- 3×1＝3　（さんいちがさん）
- 3×3＝9　（さざんがく）
- 3×2＝6　（さんにがろく）
- 3×4＝12　（さんしじゅうに）

① 3×5＝15（じゅうご）
② 3×6＝18（じゅうはち）
③ 3×7＝21（にじゅういち）
④ 3×8＝24（にじゅうし）
⑤ 3×9＝27（にじゅうしち）

★さざん，さぶろくなど慣れない言い回しが多い段です。一緒に音読して練習しましょう。

6 3のだんの 九九 ①

3 つぎの 計算を しましょう。 1つ5［40点］

① 3×3=9　② 3×7=21
③ 3×6=18　④ 3×4=12
⑤ 3×1=3　⑥ 3×9=27
⑦ 3×8=24　⑧ 3×2=6

4 3本の 花を 1たばに した 花たばが あります。
5たば分では，花は 何本に なりますか。 しき10，答え5［15点］

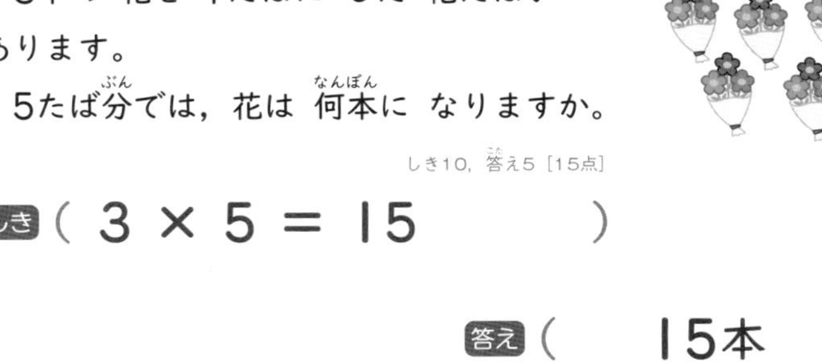

しき（ 3 × 5 ＝ 15 ）

答え（ 15本 ）

答え 61ページ

月　日　点

7 3のだんの 九九 ②

名前

1 ぜんぶの 数を しらべて しきに 書きましょう。 [10点]

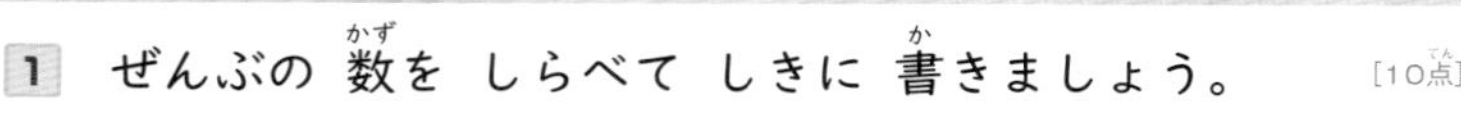

1さらに 3 こずつの 9 さら分で，27 こです。

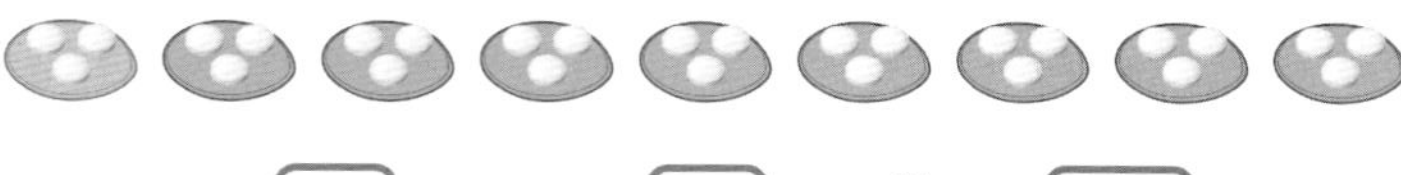

しきに 書くと，3 × 9 = 27 です。

2 かけ算の しきに 書いて，ぜんぶの 数を もとめましょう。 1つ10 [30点]

①  3 × 4 = 12

② 3 × 2 = 6

③  3 × 8 = 24

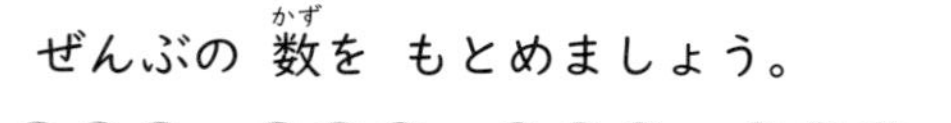

7 3のだんの 九九 ②

3 ぜんぶの 数を もとめましょう。 [20点]

1さらに 3こずつの 6さら分なので，かけ算の しきに

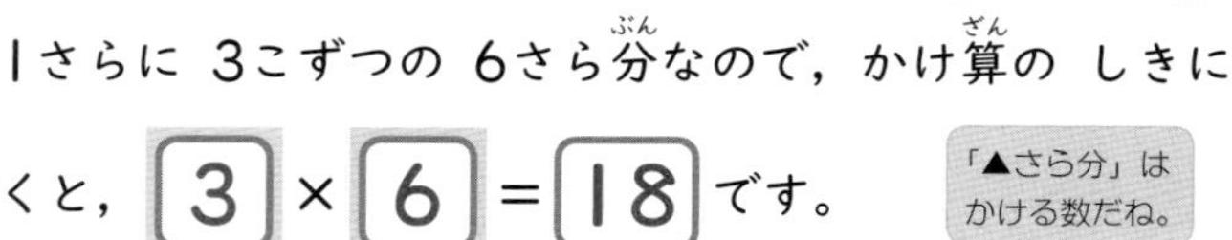

書くと，3 × 6 = 18 です。

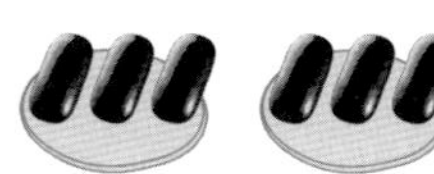

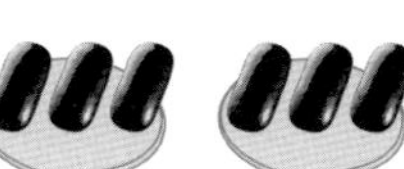

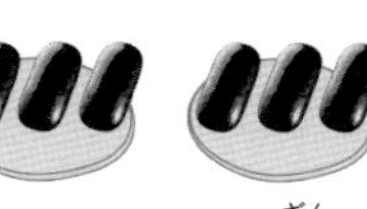

この しきの **かけられる数**は 3 で，

かける数は 6 です。

★「かけられる数」や「かける数」という言葉は，このあとの問題でも出てきます。かけられる数は●×▲のどちらの数か，確認しておきましょう。

4 つぎの 計算を しましょう。 1つ5 [40点]

① 3×7=21　② 3×5=15

③ 3×1=3　④ 3×4=12

⑤ 3×9=27　⑥ 3×2=6

⑦ 3×8=24　⑧ 3×3=9

答え 62ページ　月　日　点

8 4のだんの 九九 ①

名前

1 ぜんぶの 数(かず)を しらべましょう。 1つ5［20点］

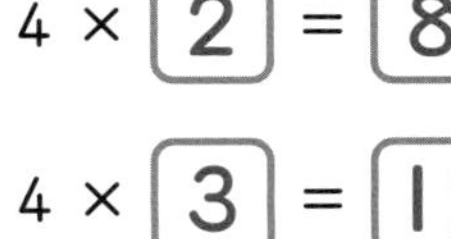

1つ分(ぶん)の数 / いくつ分 / ぜんぶの数

①  4 × 1 = 4

②   4 × 2 = 8

③   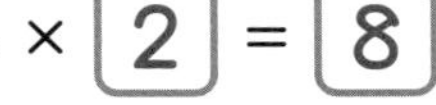 4 × 3 = 12

④   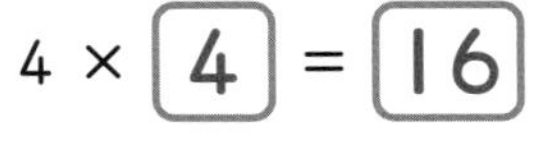 4 × 4 = 16

2 4のだんの 九九を 書(か)きましょう。 1つ5［25点］

- 4 × 1 = 4（し いち が し）
- 4 × 2 = 8（し に が はち）
- 4 × 3 = 12（し さん じゅうに）
- 4 × 4 = 16（し し じゅうろく）

① 4 × 5 = 20（し ご にじゅう）

② 4 × 6 = 24（し ろく にじゅうし）

③ 4 × 7 = 28（し しち にじゅうはち）

④ 4 × 8 = 32（し は さんじゅうに）

⑤ 4 × 9 = 36（し く さんじゅうろく）

★「し」や「しち」などの言い間違いに注意して，反復して確認しましょう。

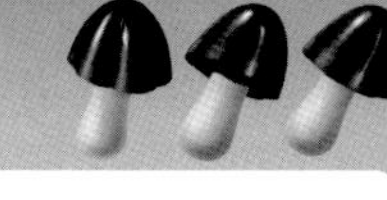

8 4のだんの 九九 ①

3 つぎの 計算(けいさん)を しましょう。 1つ5［40点］

① 4 × 3 = 12　② 4 × 9 = 36

③ 4 × 1 = 4　④ 4 × 4 = 16

⑤ 4 × 6 = 24　⑥ 4 × 5 = 20

⑦ 4 × 2 = 8　⑧ 4 × 7 = 28

★かける数を1から9と順に言うだけでなく，9から1にしたり，ばらばらにしたりして練習しましょう。

4 ある本の あつさは 4cmです。8さつ ならべた ときの あつさは ぜんぶで 何(なん)cmに なりますか。 しき10，答え5［15点］

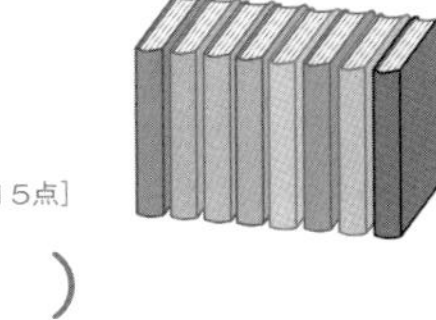

しき（ 4 × 8 = 32 ）

答え（ 32cm ）

答え 63ページ

月　日　点

9 4のだんの 九九 ②

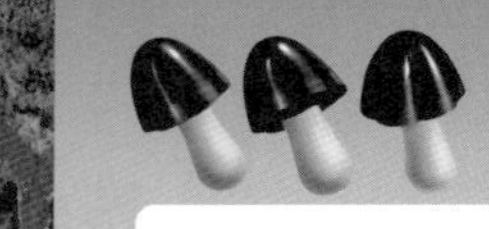

名前

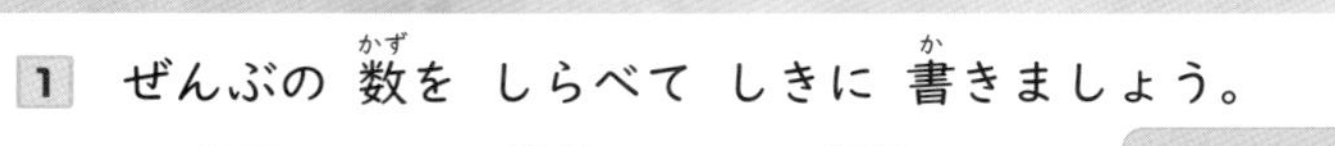

1 ぜんぶの 数を しらべて しきに 書きましょう。 [10点]

1さらに 4 こずつの 3 さら分で， 12 こです。

しきに 書くと， 4 × 3 = 12 です。

2 かけ算の しきに 書いて，ぜんぶの 数を もとめましょう。 1つ10［30点］

①  4 × 5 = 20

②    4 × 7 = 28

③ 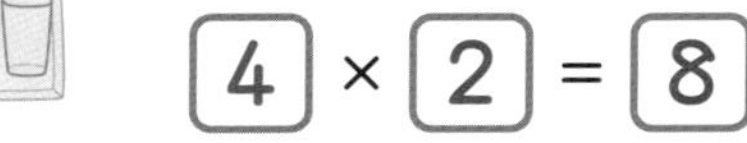 4 × 2 = 8

9 4のだんの 九九 ②

3 □に あう 数を 書きましょう。 [20点]

		かける数					
		1	2	3	4	5	
かけられる数	1	1	2	3	4	5	
	2	2	4	6	8	10	
	3	3	6	9	12	15	
	4	4	8	12	あ	20	

あに 入る 数は，4×4の 答えなので， 16 です。

あの 右は， 4×5= 20 で， 4 ふえて います。

その 右は，4×6= 24 で， 4 ふえて います。

4 つぎの 計算を しましょう。 1つ5［40点］

① 4×9=36　② 4×1=4

③ 4×5=20　④ 4×3=12

⑤ 4×7=28　⑥ 4×2=8

⑦ 4×4=16　⑧ 4×8=32

答え 64ページ

月　日　点

10 6のだんの 九九 ①

名前

1 ぜんぶの 数を しらべましょう。　1つ5［20点］

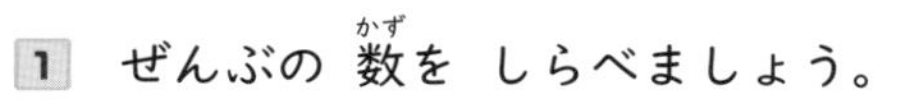

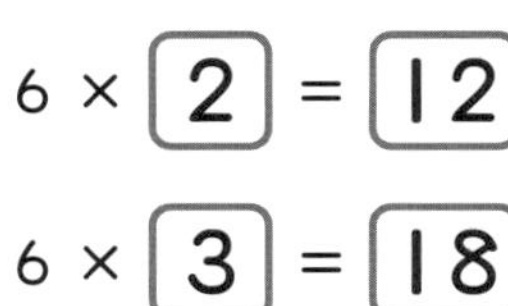

1つ分の数		いくつ分		ぜんぶの数
① 6	×	1	=	6
② 6	×	2	=	12
③ 6	×	3	=	18
④ 6	×	4	=	24

2 6のだんの 九九を 書きましょう。　1つ5［25点］

- 6 × 1 = 6（ろくいちがろく）
- 6 × 2 = 12（ろくにじゅうに）
- 6 × 3 = 18（ろくさんじゅうはち）
- 6 × 4 = 24（ろくしにじゅうし）

① 6×5= 30（さんじゅう）　② 6×6= 36（さんじゅうろく）

③ 6×7= 42（しじゅうに）　④ 6×8= 48（しじゅうはち）

⑤ 6×9= 54（ごじゅうし）

★かける数をランダムに変えてみて，九九の練習をしましょう。

10 6のだんの 九九 ①

3 つぎの 計算を しましょう。　1つ5［40点］

① 6×2=12　② 6×9=54

③ 6×4=24　④ 6×7=42

⑤ 6×5=30　⑥ 6×6=36

⑦ 6×8=48　⑧ 6×1=6

4 水を 6dLずつ 3つの 水とうに 入れます。
ぜんぶで 何dLに なりますか。

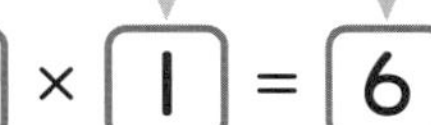

しき10，答え5［15点］

しき（ 6 × 3 = 18 ）

答え（ 18dL ）

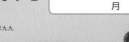

答え 65ページ

月　日　点

11 6のだんの 九九 ②

名前

1 ぜんぶの 数を しらべて しきに 書きましょう。 [10点]

1さらに 6 こずつの 4 さら分で， 24 こです。

しきに 書くと， 6 × 4 = 24 です。

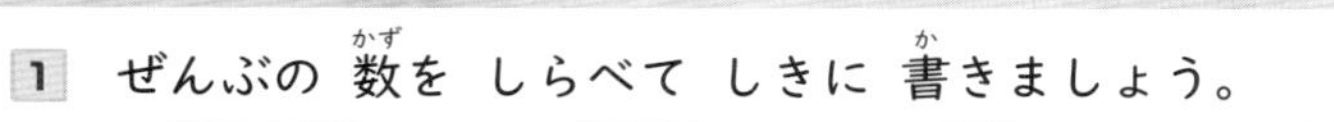

2 かけ算の しきに 書いて，ぜんぶの 数を もとめましょう。

1つ10 [30点]

①  6 × 8 = 48

②        6 × 2 = 12

③   6 × 6 = 36

11 6のだんの 九九 ②

3 ぜんぶの 数を もとめましょう。 [20点]

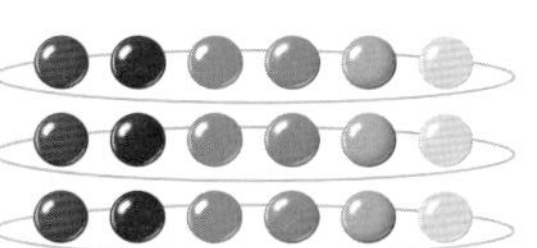
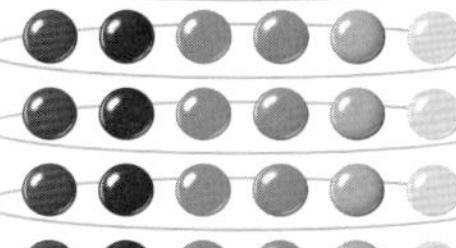
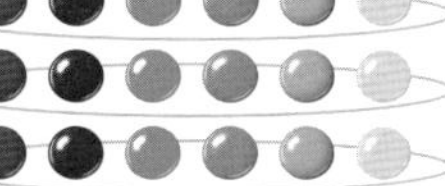
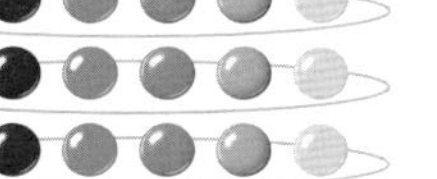
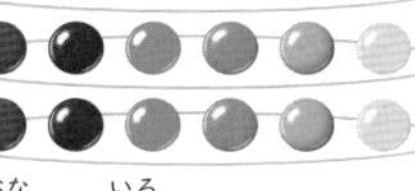
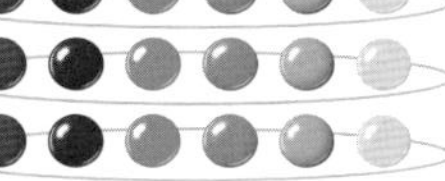

1さらを 1まとまりと 見ると，6こずつの 5さら分です。
かけ算の しきに 書くと， 6 × 5 = 30 です。

同じ 色を 1まとまりと 見ると，5こずつの 6色分なので，
5 × 6 = 30 と 書くことも できます。

このように，かけられる数と かける数を 入れかえて計算しても，答えは 同じ に なります。

4 つぎの 計算を しましょう。 1つ5 [40点]

① 6×6=36 ② 6×7=42

③ 6×1=6 ④ 6×4=24

⑤ 6×8=48 ⑥ 6×2=12

⑦ 6×9=54 ⑧ 6×3=18

答え 66ページ

月　日　点

12 7のだんの 九九 ①

名前

1 ぜんぶの 数(かず)を しらべましょう。　1つ5［20点］

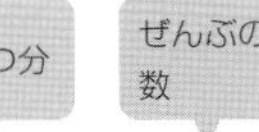
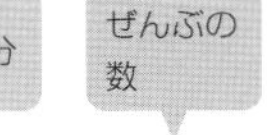

①  7 × 1 = 7

②  7 × 2 = 14

③ 7 × 3 = 21

④ 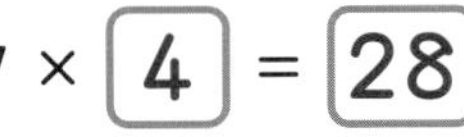 7 × 4 = 28

2 7のだんの 九九を 書(か)きましょう。　1つ5［25点］

- 7×1＝7（しちいちがしち）
- 7×2＝14（しちにじゅうし）
- 7×3＝21（しちさんにじゅういち）
- 7×4＝28（しちしにじゅうはち）

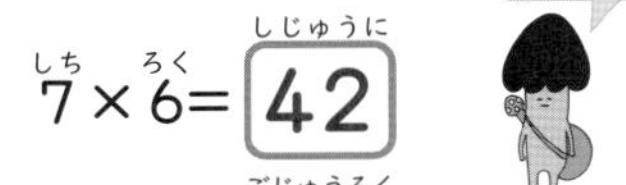

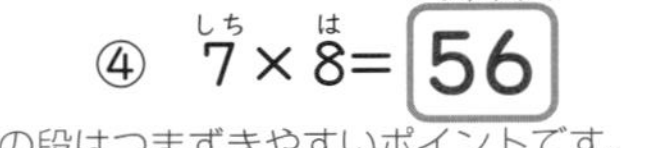

① 7×5＝35（しちごさんじゅうご）　② 7×6＝42（しちろくしじゅうに）

③ 7×7＝49（しちしちしじゅうく）　④ 7×8＝56（しちはごじゅうろく）

⑤ 7×9＝63（しちくろくじゅうさん）

★7の段はつまずきやすいポイントです。くり返し音読したり問題を出したりして練習しましょう。

12 7のだんの 九九 ①

3 つぎの 計算(けいさん)を しましょう。　1つ5［40点］

① 7×3＝21　② 7×6＝42

③ 7×9＝63　④ 7×1＝7

⑤ 7×2＝14　⑥ 7×5＝35

⑦ 7×8＝56　⑧ 7×4＝28

4 7cmの テープを 7まい つかいます。つかう テープの ながさは，ぜんぶで 何(なん)cmに なりますか。　しき10，答え5［15点］

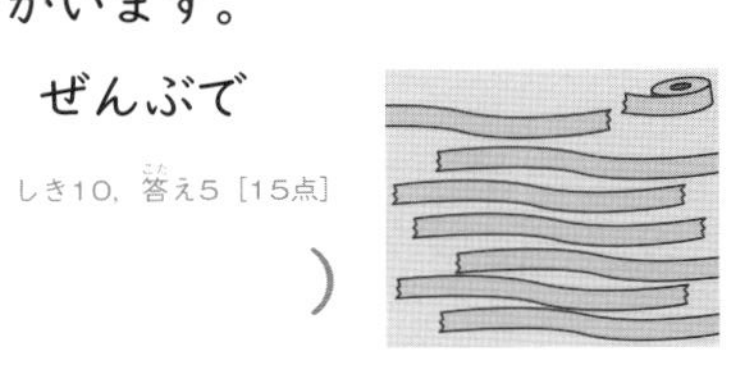

しき（ 7 × 7 ＝ 49 ）

答え（ 49cm ）

答え 67ページ

月　日　　点

13 7のだんの 九九 ②

名前

1 ぜんぶの 数を しらべて しきに 書きましょう。 [10点]

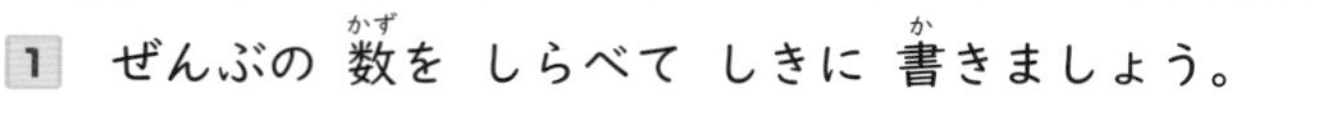

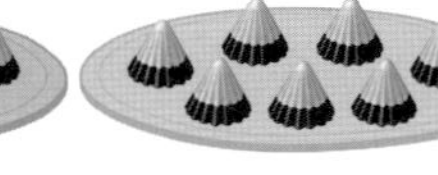

1さらに 7 こずつの 3 さら分で，21 こです。

しきに 書くと，7 × 3 = 21 です。

2 かけ算の しきに 書いて，ぜんぶの 数を もとめましょう。

1つ10 [30点]

① 7 × 4 = 28

②   7 × 5 = 35

③ 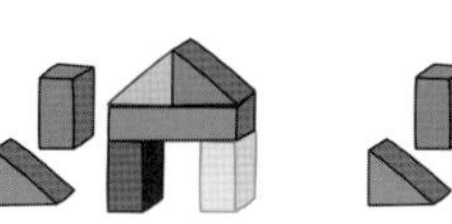  7 × 2 = 14

★7の段の九九を忘れたときは，「かけられる数とかける数を入れかえて計算しても答えは同じになる」ことを利用して，7×4を4×7として答えを考えてもよいです。

13 7のだんの 九九 ②

3 やさいの 数を もとめましょう。 [20点]

きゅうりと なすを あわせると，ぜんぶの 数だね！

ぜんぶの 数は，1さらに 7こずつの 6さら分なので，かけ算の しきに 書くと，7 × 6 = 42 です。

きゅうりの 数は，5 × 6 = 30 で，

なすの 数は，2 × 6 = 12 です。

このように，**7のだん**の 九九の 答えは，**5のだん**の 答えと **2のだん**の 答えを たした 数に なって います。

4 つぎの 計算を しましょう。 1つ5 [40点]

① 7×8=56　② 7×2=14

③ 7×1=7　④ 7×7=49

⑤ 7×5=35　⑥ 7×3=21

⑦ 7×4=28　⑧ 7×9=63

答え 68ページ

月　日　点

14 8のだんの 九九 ①

名前

1 ぜんぶの 数を しらべましょう。 1つ5［20点］

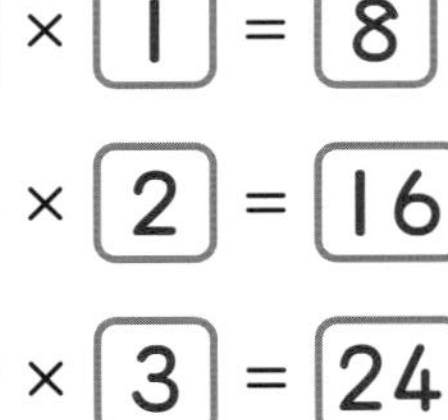

（1つ分の数） × （いくつ分） = （ぜんぶの数）

①  8 × 1 = 8

②  8 × 2 = 16

③  8 × 3 = 24

④   8 × 4 = 32

2 8のだんの 九九を 書きましょう。 1つ5［25点］

- 8 × 1 = 8（はち いち が はち）
- 8 × 2 = 16（はち に じゅうろく）
- 8 × 3 = 24（はち さん にじゅうし）
- 8 × 4 = 32（はち し さんじゅうに）

① 8×5= 40（はち ご しじゅう）

② 8×6= 48（はち ろく しじゅうはち）

③ 8×7= 56（はち しち ごじゅうろく）

④ 8×8= 64（はっ ぱ ろくじゅうし）

⑤ 8×9= 72（はっ く しちじゅうに）

★8の段は，8に「はち」，「はっ」，「ぱ」と
いろいろな読み方があります。
気をつけて覚えましょう。

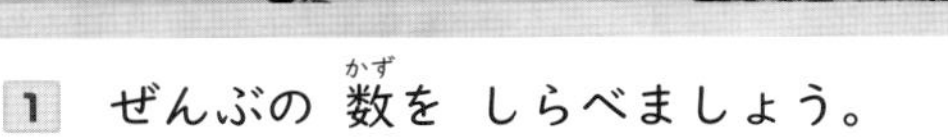

14 8のだんの 九九 ①

3 つぎの 計算を しましょう。 1つ5［40点］

① 8×8=64　② 8×1=8

③ 8×4=32　④ 8×5=40

⑤ 8×3=24　⑥ 8×6=48

⑦ 8×7=56　⑧ 8×2=16

4 8まい入りの ガムが 9つ あります。
ガムは，ぜんぶで 何まい ありますか。

しき10，答え5［15点］

しき（ 8 × 9 = 72 ）

答え（ 72まい ）

答え 69ページ

月　日　点

15 8のだんの 九九 ②

名前

1 ぜんぶの 数を しらべて しきに 書きましょう。 [10点]

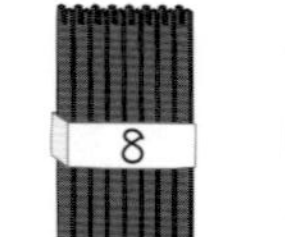
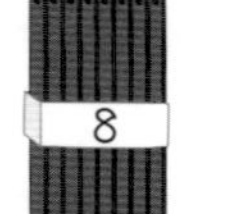
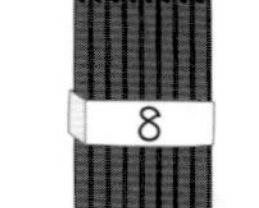

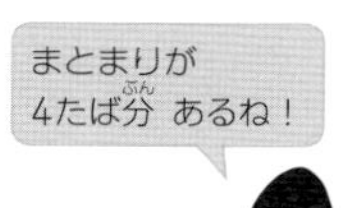

1たばに 8 本ずつの 4 たば分で，32 本です。

しきに 書くと，8 × 4 = 32 です。

2 かけ算の しきに 書いて，ぜんぶの 数を もとめましょう。 1つ10［30点］

①            8 × 5 = 40

②  8 × 3 = 24

③  8 × 2 = 16

15 8のだんの 九九 ②

3 ぜんぶの 数を もとめましょう。 [20点]

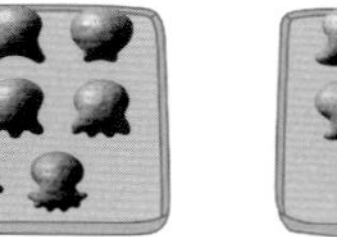

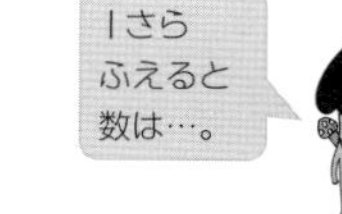

8こずつの 2さら分なので，かけ算の しきに 書くと，

8 × 2 = 16 です。答えは，8 + 8 でも

もとめられます。8こずつの おさらが もう1さら ふえると，

ぜんぶの 数は 8 こ ふえます。

★8の段では，かける数が1増えると，答えが8増えるということを確認しましょう。

4 つぎの 計算を しましょう。 1つ5［40点］

① 8×1=8　② 8×9=72

③ 8×8=64　④ 8×4=32

⑤ 8×7=56　⑥ 8×3=24

⑦ 8×5=40　⑧ 8×6=48

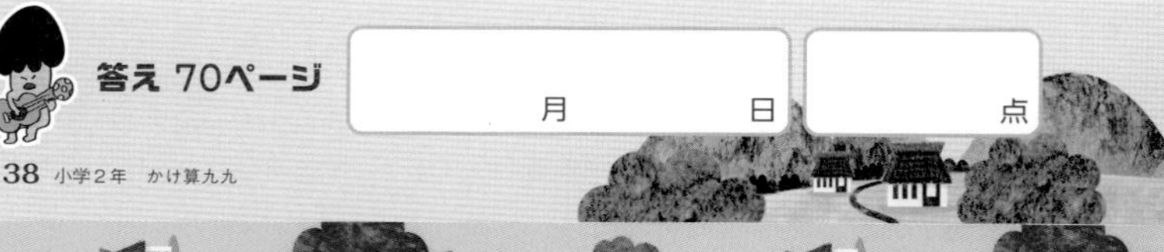

答え 70ページ

月　日　点

16 9のだんの 九九 ①

名前

1 ぜんぶの 数(かず)を しらべましょう。 1つ5［20点］

	1つ分(ぶん)の数		いくつ分		ぜんぶの数
①	9	×	1	=	9
②	9	×	2	=	18
③	9	×	3	=	27
④	9	×	4	=	36

9つの まとまりだね！

2 9のだんの 九九を 書(か)きましょう。 1つ5［25点］

- 9(く)×1(いち)＝(が)9(く)
- 9(く)×2(に)＝18(じゅうはち)
- 9(く)×3(さん)＝27(にじゅうしち)
- 9(く)×4(し)＝36(さんじゅうろく)

① 9(く)×5(ご)＝ 45 (しじゅうご)

② 9(く)×6(ろく)＝ 54 (ごじゅうし)

③ 9(く)×7(しち)＝ 63 (ろくじゅうさん)

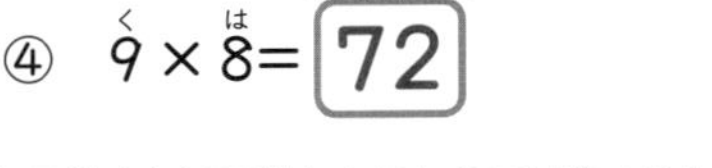

④ 9(く)×8(は)＝ 72 (しちじゅうに)

⑤ 9(く)×9(く)＝ 81 (はちじゅういち)

★かけられる数とかける数を入れかえて計算すると9より小さい数の段で答えを求められますが，まずは9の段の九九を覚えるよう練習しましょう。

小学2年　かけ算九九　39

16 9のだんの 九九 ①

3 つぎの 計算(けいさん)を しましょう。 1つ5［40点］

① 9×2＝18　② 9×1＝9

③ 9×9＝81　④ 9×7＝63

⑤ 9×4＝36　⑥ 9×3＝27

⑦ 9×8＝72　⑧ 9×6＝54

4 かじゅうグミが 1さらに 9こずつ のって います。
5さら分(ぶん)では，かじゅうグミは 何(なん)こに なりますか。 しき10，答え5［15点］

しき（ 9 × 5 ＝ 45 ）

答え（ 45こ ）

答え 71ページ

月　日　点

40　小学2年　かけ算九九

17 9のだんの 九九 ②

名前

1 ぜんぶの 数(かず)を しらべて しきに 書(か)きましょう。 [10点]

1セットに 9 こずつの 2 セット分(ぶん)で, 18 こ です。しきに 書くと, 9 × 2 = 18 です。

2 かけ算(ざん)の しきに 書いて, ぜんぶの 数を もとめましょう。 1つ10 [30点]

① 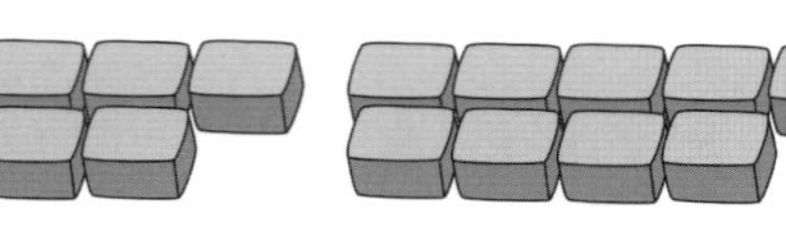 9 × 6 = 54

② 

9 × 1 = 9

③  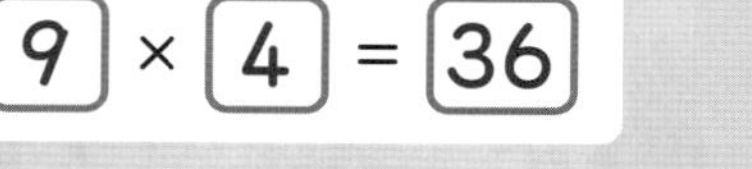 9 × 4 = 36

17 9のだんの 九九 ②

3 絵(え)を 見て, かけ算(ざん)の もんだいを つくりましょう。 [20点]

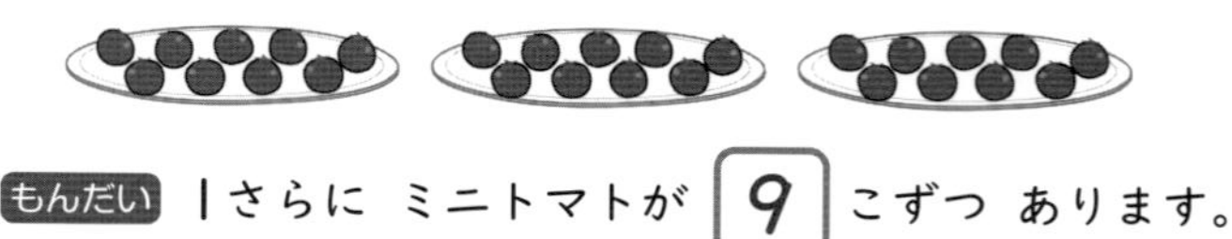

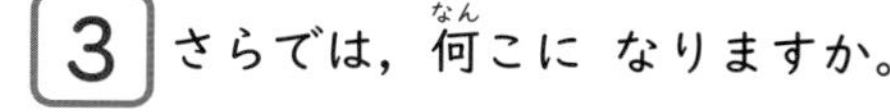

もんだい 1さらに ミニトマトが 9 こずつ あります。 3 さらでは, 何(なん)こに なりますか。

しき 9 × 3 = 27

答(こた)え (27こ)

4 つぎの 計算(けいさん)を しましょう。 1つ5 [40点]

① 9×9=81　② 9×4=36

③ 9×7=63　④ 9×8=72

⑤ 9×1=9　⑥ 9×5=45

⑦ 9×6=54　⑧ 9×2=18

★9の段の九九の答えは, 十の位の数と一の位の数をたすと9になります。

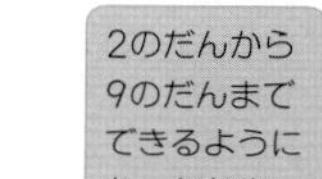

2のだんから
9のだんまで
できるように
なったね！

答え 72ページ

月　日　点

18 1のだんの 九九

名前

1 ぜんぶの 数(かず)を しらべましょう。　1つ5［20点(てん)］

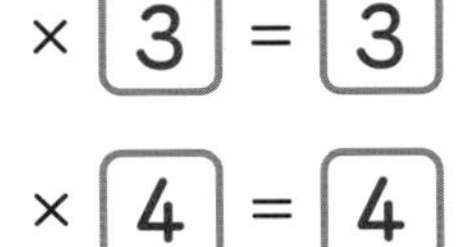

1この まとまりが
いくつ分 あるか
考えよう！

1つ分(ぶん)の数　いくつ分　ぜんぶの数

① 　1 × 1 = 1

② 　1 × 2 = 2

③   　1 × 3 = 3

④ 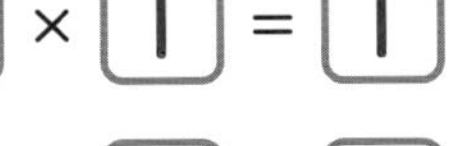　1 × 4 = 4

2 1のだんの 九九を 書(か)きましょう。　1つ5［25点］

● 1(いん) × 1(いち) = 1(がいち)　● 1(いん) × 2(に) = 2(がに)
● 1(いん) × 3(さん) = 3(がさん)　● 1(いん) × 4(し) = 4(がし)

① 1(いん)×5(ごが)= 5(ご)　② 1(いん)×6(ろくが)= 6(ろく)

③ 1(いん)×7(しちが)= 7(しち)　④ 1(いん)×8(はちが)= 8(はち)

⑤ 1(いん)×9(くが)= 9(く)

★1の段は，まとまりが1つなのでわかりづらいですが，ほかの段と同じように計算できることを確認しましょう。

小学2年　かけ算九九　43

18 1のだんの 九九

3 つぎの 計算(けいさん)を しましょう。　1つ5［40点］

① 1×9=9　② 1×2=2

③ 1×1=1　④ 1×7=7

⑤ 1×5=5　⑥ 1×6=6

⑦ 1×3=3　⑧ 1×4=4

4 けしゴムが 1ふくろに 1こずつ 入って います。
8ふくろ分(ぶん)では，けしゴムは 何(なん)こに なりますか。　しき10，答え5［15点］

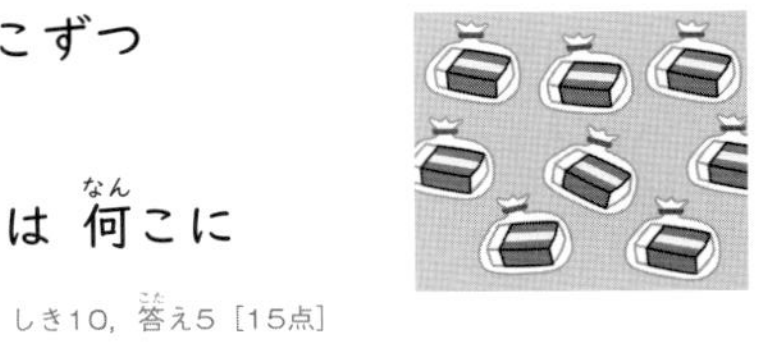

しき（ 1 × 8 = 8 ）

答え（ 8こ ）

答え 73ページ

月　日　点

44 小学2年　かけ算九九

チョコっと ひとやすみ

九九の もようを つくろう！

4のだんの 九九の 答え(こた)の 一のくらいを つかって，もようを つくりましょう。

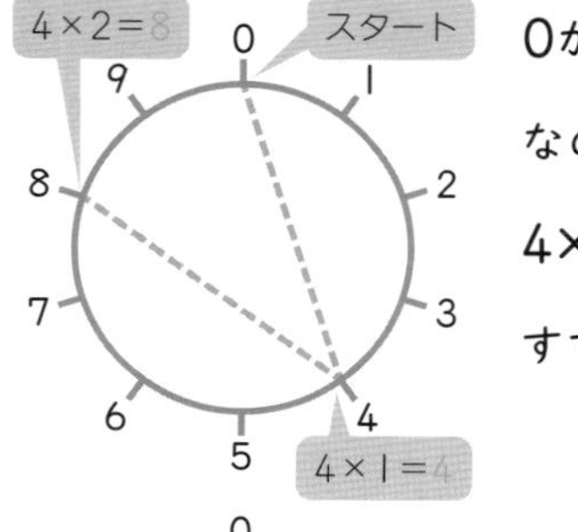

0から はじめます。4×1= 4 なので，4に すすみます。4×2= 8 なので，つぎに 8 に すすみます。

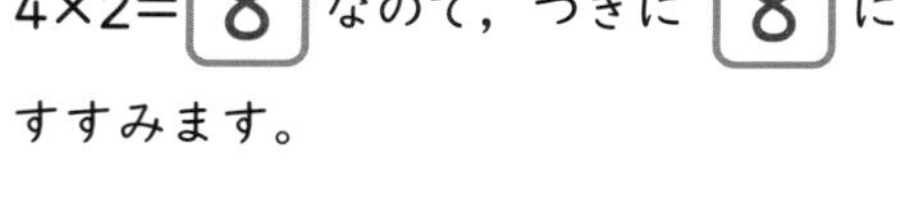

4×3= 12 なので，答えの 一のくらいの 2 に すすみます。4×4= 16，4×5= 20 も 同(おな)じように かきます。

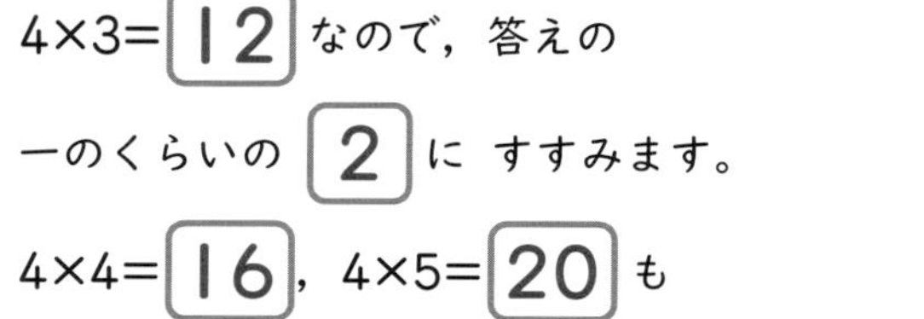

4×6= 24 なので，はじめに かいた 線(せん)を なぞって 4 に すすみます。4×7，4×8，4×9も かいて，さいごは 0に もどります。

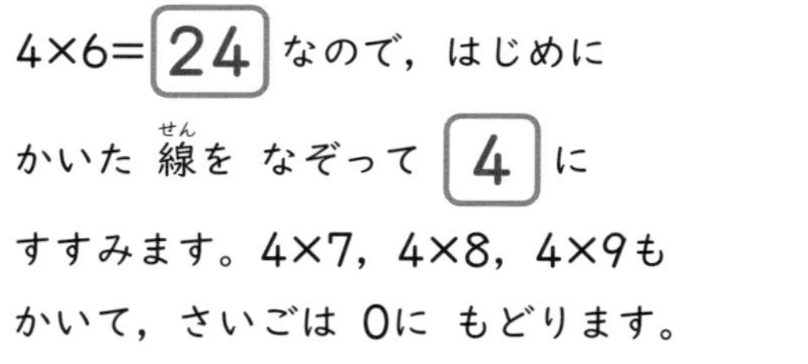

いろいろな だんの 九九の 答え(こた)を つかって，もようを つくりましょう。

① 3のだん

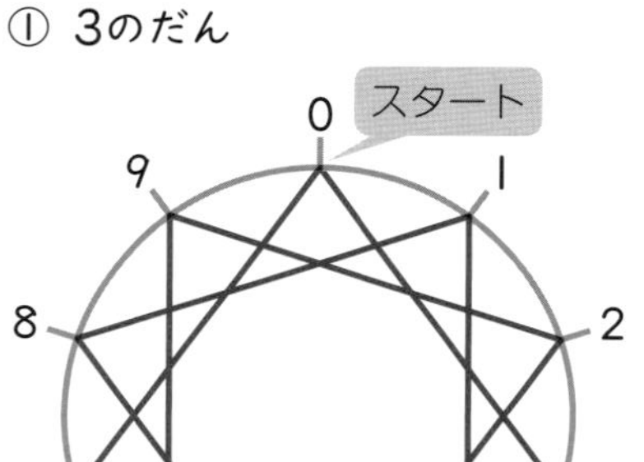

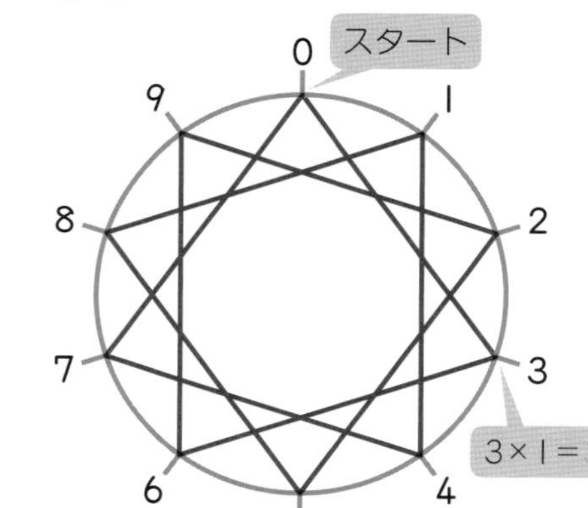

答えの 一のくらいに ちゅうもくしよう。
3のだんは，一のくらいの 数字(すうじ)が ぜんぶ ちがうね。

② 6のだん

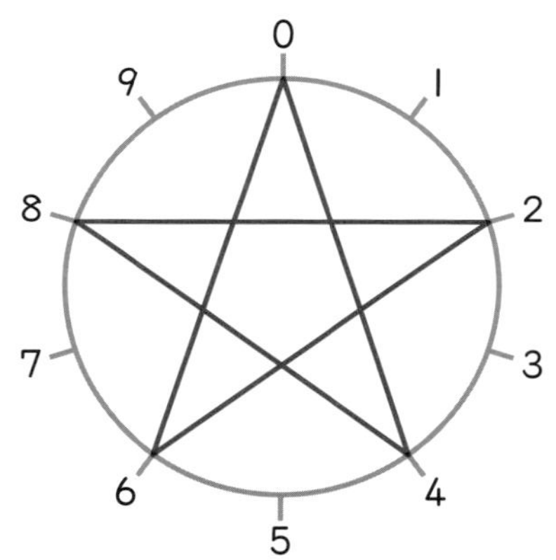

この もようは 4のだんと……。

★6の段のもようは，4の段の もようと同じになります。

ほかの だんでも やってみよう。

19 九九の ひょう

名前

1 九九の ひょうを 見て 答えましょう。 1つ25［50点］

		かける数								
		1	2	3	4	5	6	7	8	9
かけられる数	1	1	2	3	4	5	6	7	8	9
	2	2	4	6	8	10	12	14	16	18
	3	3	6	9	12	15	18	21	24	27
	4	4	8	12	16	20	24	28	32	36
	5	5	10	15	20	25	30	35	40	45
	6	6	12	18	24	30	36	42	48	54
	7	7	14	21	28	35	42	49	56	63
	8	8	16	24	32	40	48	56	64	72
	9	9	18	27	36	45	54	63	72	81

① 6のだんでは，かける数が 1 ふえると，答えは 6 ふえます。6×5＝6×4＋ 6 です。

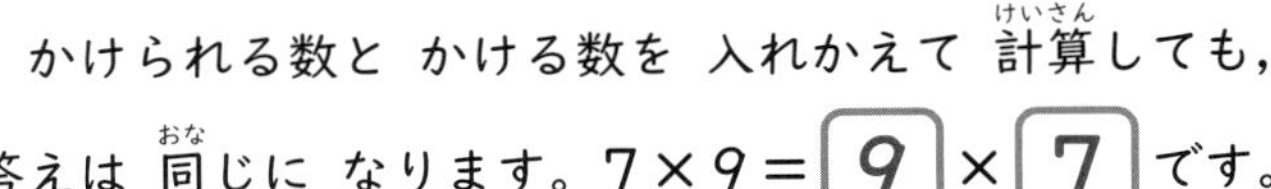
ほかの だんでも
たしかめてみよう！

② かけられる数と かける数を 入れかえて 計算しても，答えは 同じに なります。7×9＝ 9 × 7 です。

19 九九の ひょう

2 かけ算の きまりを つかって 答えましょう。 1つ25［50点］

① あてはまる 数を 書きましょう。

・8×4＝ 4 × 8

・4×8＝4×7＋ 4

・3×5＋3＝3× 6

★「かけられる数とかける数を入れかえて計算しても同じ答えになる」ことや，「かける数が1増えると答えがかけられる数だけ増える」ことを確認しましょう。

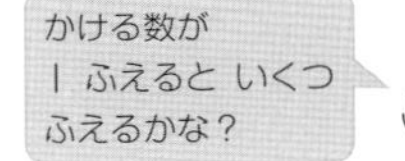
かける数が
1 ふえると いくつ
ふえるかな？

② 九九の ひょうを 見て，答えが 下の 数に なる 九九を みつけましょう。

・14に なるのは， 2 × 7 と 7 × 2 です。

・25に なるのは， 5 × 5 です。

・12に なるのは， 2 × 6 と 3 × 4 と 4 × 3 と 6 × 2 です。

答え 75ページ

月 日 点

20 九九の ひょうを 広げて

名前

1 九九の ひょうを 広げた 数を しらべましょう。 [40点]

		かける数									
		1	2	3	4	5	6	7	8	9	10
かけられる数	1	1	2	3	4	5	6	7	8	9	
	2	2	4	6	8	10	12	14	16	18	
	3	3	6	9	12	15	18	21	24	27	あ
	4	4	8	12	16	20	24	28	32	36	
	5	5	10	15	20	25	30	35	40	45	
	6	6	12	18	24	30	36	42	48	54	
	7	7	14	21	28	35	42	49	56	63	
	8	8	16	24	32	40	48	56	64	72	
	9	9	18	27	36	45	54	63	72	81	
	10				い						

あには，3×10＝3×9＋ 3 なので， 30 が入ります。いには，10×4＝4×10なので，4×10＝4×9＋ 4 で， 40 が 入ります。

4×10は，かける数が 1 ふえると 4 ふえるから…。

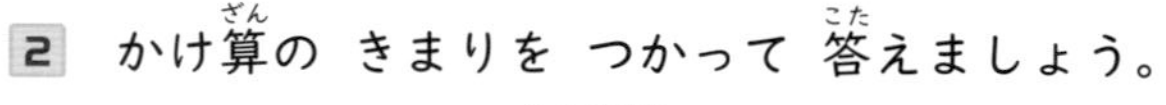

20 九九の ひょうを 広げて

2 かけ算の きまりを つかって 答えましょう。 [30点]

11× 9＝9× 11

9× 9＝81

9 ふえる

9×10＝ 90

9 ふえる

9×11＝ 99

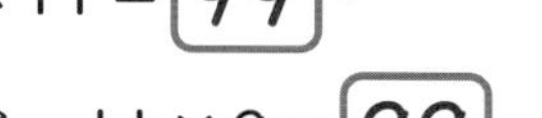

だから，11×9＝ 99

9のだんは，かける数が 1 ふえると 9ずつ ふえて いくね！

★九九の表の外側のかけ算でも，「かける数が1増えると，答えがかけられる数だけ増える」ことを確認しましょう。

3 カードを，1人に 3まいずつ くばります。11人に くばるには，カードは 何まい いりますか。 しき20，答え10 [30点]

しき（ 3 × 11 ＝ 33 ）

★3×9＝27，
3×10＝27＋3＝30，
3×11＝30＋3＝33
というように考えていきます。

答え（ 33まい ）

答え 76ページ　月　日　点

21 ばいと かけ算

名前

1 何(なん)ばいか しらべましょう。　1つ20［40点(てん)］

① あ / い

いの テープは，あの テープ 4つ分(ぶん)の 長(なが)さなので，

あの テープの **4** ばいの 長さです。

あの テープは 2cmでした。いの テープの 長さは，

かけ算(ざん)の しきに 書(か)くと，**2** × **4** =8で，8cmです。

② あ / い / う / え / お

あの テープの 5ばいの 長さの テープは，**え** の

テープです。おの テープは，うの テープの **3** ばいの

長さです。

21 ばいと かけ算

2 何(なん)ばいか しらべましょう。　［30点(てん)］

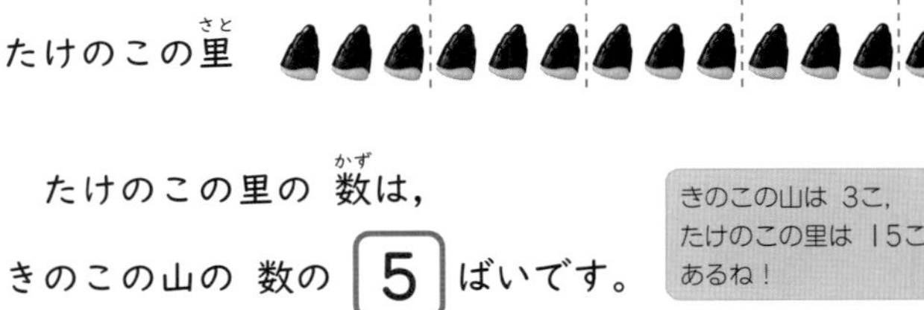

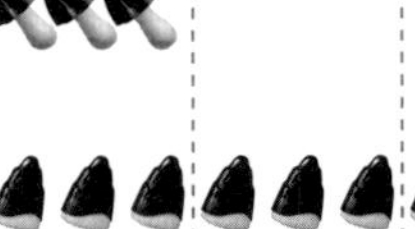

きのこの山

たけのこの里(さと)

たけのこの里の 数(かず)は，

きのこの山の 数の **5** ばいです。

きのこの山は 3こ，
たけのこの里は 15こ
あるね！

3 あつさが 4cmの 本を 3さつ つみます。
高(たか)さは 何cmに なりますか。

しき20，答(こた)え10［30点］

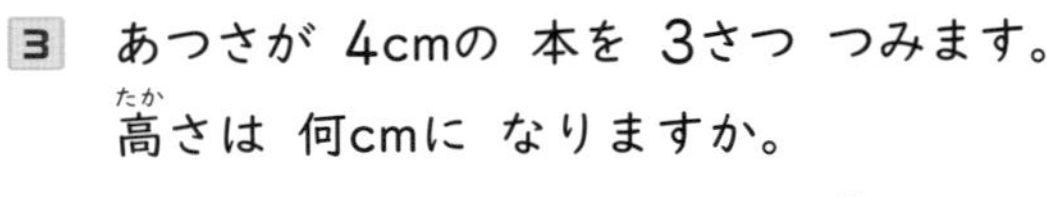

しき（ 4 × 3 = 12 ）

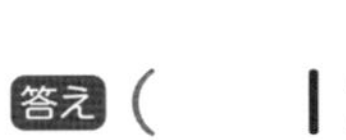

答え（ 12cm ）

答え 77ページ

月　日　点

22 2年生の まとめ

名前

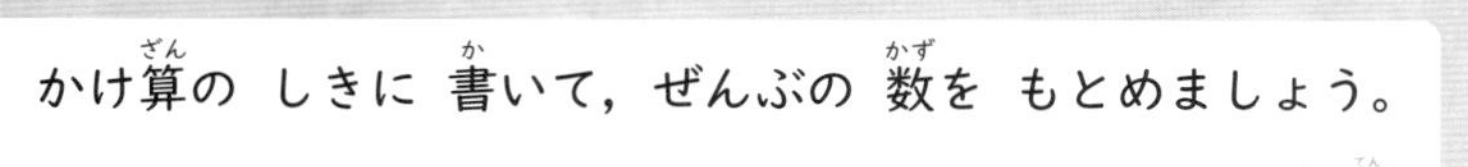

1 かけ算(ざん)の しきに 書(か)いて，ぜんぶの 数(かず)を もとめましょう。 1つ5［15点(てん)］

① 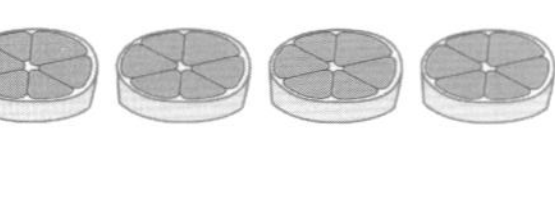

6 × 4 = 24

②

7 × 2 = 14

③

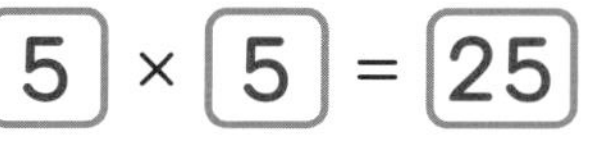

5 × 5 = 25

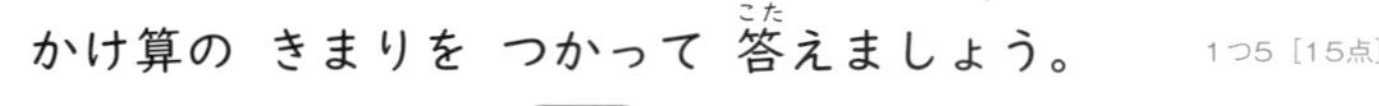

2 かけ算の きまりを つかって 答(こた)えましょう。 1つ5［15点］

① 8×8＝8×7＋ 8

② 6×9＝9× 6

③ 10×8＝ 8 ×10

8×10＝8× 9 ＋8なので，

10×8＝ 80

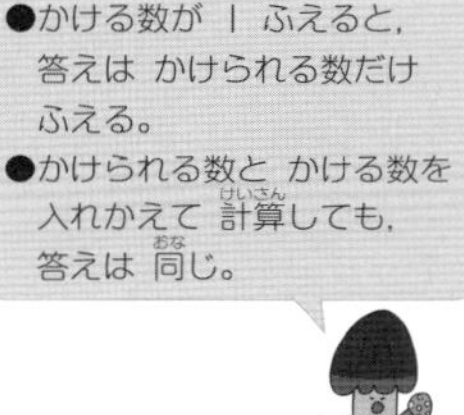
●かける数が １ ふえると，答えは かけられる数だけ ふえる。
●かけられる数と かける数を 入れかえて 計算(けいさん)しても，答えは 同(おな)じ。

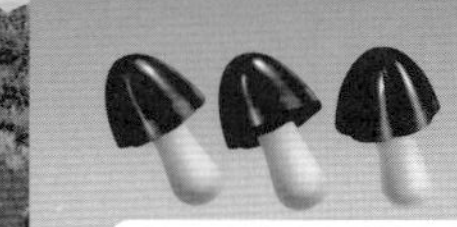

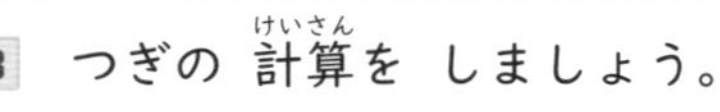

22 2年生の まとめ

3 つぎの 計算(けいさん)を しましょう。 1つ5［40点］

① 8×1=8　② 7×6=42

③ 4×7=28　④ 9×5=45

⑤ 2×8=16　⑥ 1×4=4

⑦ 10×2=20　⑧ 3×11=33

4 きのこの山が 1さらに 6こずつ のった さらが，3さら あります。
きのこの山は，ぜんぶで 何(なん)こ ありますか。 しき20，答え10［30点］

しき（ 6 × 3 ＝ 18 ）

★かけ算九九を正しく言えるようになると，この先に学習するかけ算の筆算やわり算の筆算がスムーズになります。

答え（ 18こ ）

答え 78ページ

月　日　点

チョコっと ひとやすみ

★こうさく★
おかしボックスを
作ってみよう！

おかしボックス 14ページに ある 作り方を 見ながら，おかしを 入れる はこを 作ってみよう！

はさみや カッターを つかう 時は，けがに 気を つけよう！

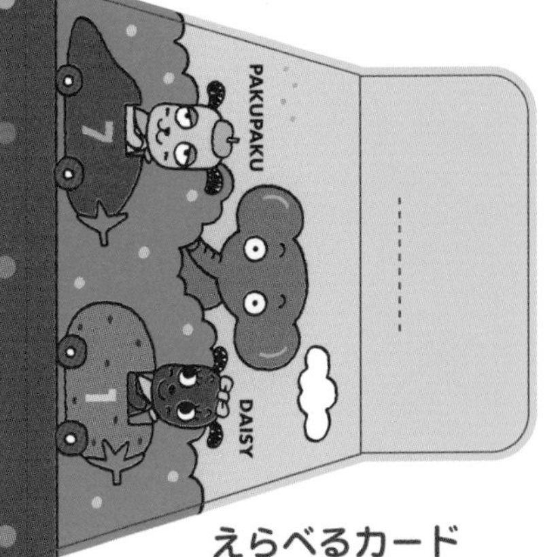

えらべるカード

えらべるカードは，おかしボックスの 切りこみを 入れた ところに させるよ。

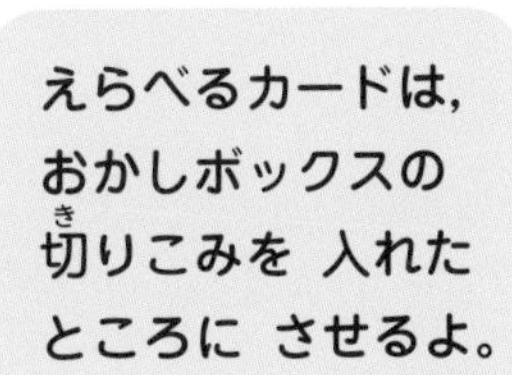